U0005000

飛行員

中村寬治

在駕駛艙裡

做什麼？

從起飛到降落，飛行員在駕駛艙內怎麼操作？機體系統如何運作？

序

　　飛行員在進行與現在駕駛飛機不同機種的機種轉換訓練或進階訓練前，會先獲得該機種的**飛行機組操作手冊**（FCOM：Flight Crew Operating Manual。

　　飛行機組操作手冊的內容是在飛機飛行手冊[※]（AFM：Airplane Flight Manual 飛機飛行手冊）的允許範圍內，載錄飛行的安全性、舒適性及經濟性等有關航班的運航方針，這是為了**運用在實際操作飛機**。

　　該手冊為 A4 大小，共有 3 本，是可以自由更換或添加頁面的可增刪類型文件。每本厚度有 7 ～ 8 公分，近期已電子化，以可放於掌中的平板電腦取代。

　　飛行員在閱讀新機種的飛行機組操作手冊時，會多次重覆進行影像飛行，為即將開始的長時間訓練做準備。

　　飛行機組操作手冊的內容會因為航班的運航方針不同，在章節上多少有些差異，以下舉其中一例。

(1) 操作限制
　　飛機性能限制、引擎等各系統的運作限制。

(2) 緊急狀況、故障等相關操作
　　引擎起火、急速減壓等狀況下的緊急操作、以及系統故障時的操作及補充說明。

(3) 一般操作
　　從準備出發到結束飛行、飛行員離開飛機，這段時間內的一般操作及補充說明。

(4) 操作程序補充
　　例如寒冷天氣下的操作等，無法歸類於緊急、故障或一般操作的內容，以及相關補充說明。

2

※ 依航空法取得適航證明的申請表所附文件之一。該手冊規定了飛機性能限制等最基本的事項。

(5) 各系統相關細節及操作程序

空調、引擎、自動駕駛、控制設備、導航設備、液壓系統等各種飛機系統的概要及操作方式。

：（省略）

(8) 性能

訂定飛行計劃所需的起飛距離、選擇巡航高度、計算消耗燃油量等所需之數據，以及飛航需要的引擎輸出表、引擎故障時所需的數據等。

(9) 承載程序

飛行重量級重心位置的決定法、最大乘客人數、最大裝載燃油量等資料。

(10) 運航容許標準

當各系統或儀表發生部分故障而無法維修時，作為決定是否可飛航的標準之最少設備項目。

(11) 其他

運航目的、效力、及持有人之義務等總則。

本書以本飛行機組操作手冊中的「一般操作（上例3）」「各系統相關細節及操作程序（上例5）」為中心，針對從出發到抵達期間「在執行哪些操作」「該項操作的關聯系統運作狀況」作解說。

此外，本書也針對起飛及著陸時，法令要求的「性能（上例8）」及燃油經濟最佳的巡航高度、巡航速度之決定方式等作探討，並於最後一章中提及「承載程序（上例9）」中需要的飛行重量及重心位置、以及其決定方式。

筆者希望本書能夠針對「**飛機的手冊上到底寫了什麼**」這個問題，做部分回答。

最後，要感謝在寫書時給予筆者指導的前輩們，以及在出版時盡力協助的SB Creative視覺圖書編輯部石井顯一。藉此機會，在此致上最深的謝意。

2021 年 4 月吉日　中村寬治

目錄

坐在駕駛艙中看看

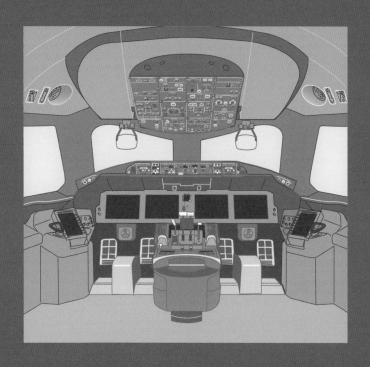

讓我們來看看從準備起飛開始到降落，要經過哪些
階段、以及飛機的控制面（擔任控制功能的機翼）
名稱、駕駛艙的儀表板（操控面板）的功能。

客機的飛行過程（flight phase）

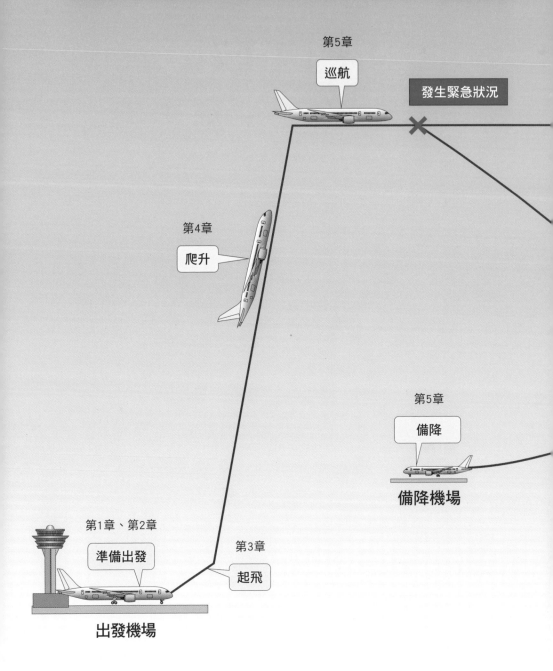

第5章
巡航

發生緊急狀況

第4章
爬升

第5章
備降

備降機場

第1章、第2章
準備出發

第3章
起飛

出發機場

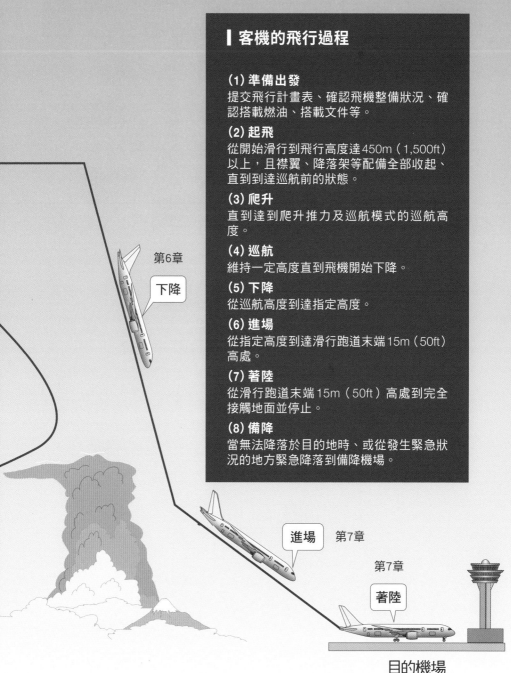

客機的飛行過程

(1) 準備出發
提交飛行計畫表、確認飛機整備狀況、確認搭載燃油、搭載文件等。

(2) 起飛
從開始滑行到飛行高度達450m（1,500ft）以上，且襟翼、降落架等配備全部收起、直到到達巡航前的狀態。

(3) 爬升
直到達到爬升推力及巡航模式的巡航高度。

(4) 巡航
維持一定高度直到飛機開始下降。

(5) 下降
從巡航高度到達指定高度。

(6) 進場
從指定高度到達滑行跑道末端15m（50ft）高處。

(7) 著陸
從滑行跑道末端15m（50ft）高處到完全接觸地面並停止。

(8) 備降
當無法降落於目的地時、或從發生緊急狀況的地方緊急降落到備降機場。

噴射客機的操縱舵面

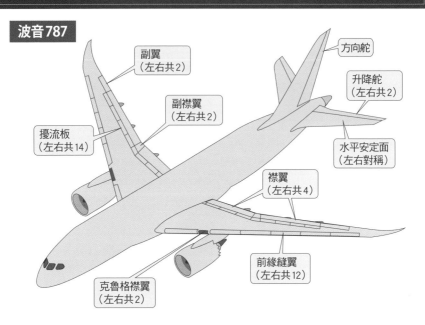

波音787

副翼
（左右共2）

方向舵

副襟翼
（左右共2）

升降舵
（左右共2）

擾流板
（左右共14）

水平安定面
（左右對稱）

襟翼
（左右共4）

前緣縫翼
（左右共12）

克魯格襟翼
（左右共2）

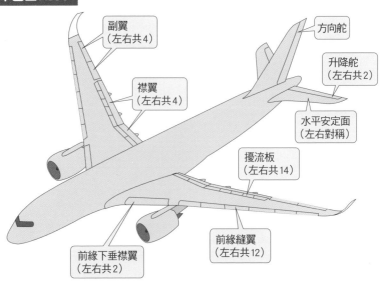

空中巴士A350

副翼
（左右共4）

方向舵

升降舵
（左右共2）

襟翼
（左右共4）

水平安定面
（左右對稱）

擾流板
（左右共14）

前緣縫翼
（左右共12）

前緣下垂襟翼
（左右共2）

● **副翼（輔助翼）**

裝設在主翼後方，為產生滾轉力矩（能讓機體產生左右滾轉傾斜）的舵面。

● **方向舵（rudder）**

裝設在垂直尾翼上，為產生偏航力矩（能讓機首產生左右偏轉）的舵面。

● **升降舵（elevator）**

裝設在水平尾翼上，為產生俯仰力矩（能讓機首產生上下俯仰）的舵面。

● **副襟翼**

有副翼及襟翼兩種功能的舵面。這個詞是結合襟翼及副翼合成。

● **水平安定面**

讓水平尾翼全面動作，改變飛機攻角，縮小升降舵舵面可動範圍，維持穩定的飛行感。

● **擾流板**

裝設於主翼上的舵面，能減少升力，增加阻力。同時也能與副翼連動，有輔助滾轉的功能。

● **襟翼**

在主翼後方向下，透過將機翼下壓可以改變翼面弧度（與主翼相反方向），增加機翼迎風面積，為提高飛機升力的高升力裝置。

● **克魯格襟翼**

在主翼前緣下方，放下時可以改變翼面弧度，具有增大前緣半徑的效果。

● **前緣下垂襟翼**

在主翼前緣下方放下，可以改變翼面弧度，具有增大前緣半徑的效果。

● **前緣縫翼**

裝設在主翼前緣的狹長翼面。在主翼前方移動與主翼之間產生縫隙，增加飛機攻角並延緩機翼上的氣流分離。

※ 操縱舵面：控制飛機姿態的可變翼面，也可以稱為移動舵面

波音787的駕駛艙

① Left Forward Panel 左前面板

② Right Forward Panel 右前面板

③ Glareshield Panel 遮光板

④ Center Forward Panel 中央前面板

⑤ Control Stand 控制台

⑥ Forward Aisle Panel 前通道面板

⑦ After Aisle Panel 後通道面板

⑧ Over Head Panel 頂板

⑨ Left Head Up Display 左抬頭顯示器

⑩ Right Head Up Display 右抬頭顯示器

⑪ Left Side Wall 左側牆板

⑫ Right Side Wall 右側牆板

① 左前面板（Left Forward Panel）

提供給左側機長駕駛操作時最主要的飛航資訊，面板設置了2片顯示畫面。右側畫面分割為導航相關與發動機儀表相關2個畫面。

② 右前面板（Right Forward Panel）

提供給右側副駕駛監控飛航的重要飛航資訊，面板設置了2片顯示畫面。左側畫面會根據飛航狀況改變顯示內容。

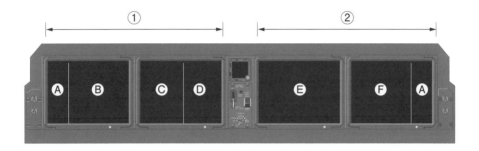

Ⓐ 輔助訊息顯示器（AUX：Auxualy Display）
顯示航班名稱、時間、通訊器頻率、上傳訊息等。

Ⓑ 主飛行顯示器（PFD：Primary Flight Display）
整合顯示速度、姿態、高度、方位等最基本的飛航情報。

Ⓒ 導航顯示器（ND：Navigation Display）
以圖表顯示導航訊息如飛行位置、方向、飛行計畫路線、無線導航輔助設備、對地速度、真實空速、外部風向風速、氣象雷達等。

Ⓓ 引擎顯示及機組警告系統（EICAS：Engine Indication and Crew Alerting System）
顯示引擎運轉狀況及引擎、各機組系統異常時提供訊息。

Ⓔ 導航顯示器（ND：Navigation Display）
統合顯示比左側駕駛ND更大範圍的飛航情報。

Ⓕ 主飛行顯示器（PFD：Primary Flight Display）
與左側駕駛PFD不同，綜合顯示透過電腦計算出的速度、姿態、高度方位等最基礎飛航情報。

③ 遮光板（Glareshield Panel）

裝設在遮光面板前方的控制板，上面有控制的開關，包含飛機速度、姿態、位置、高度、引擎推力等飛行方式控制及標示畫面等。

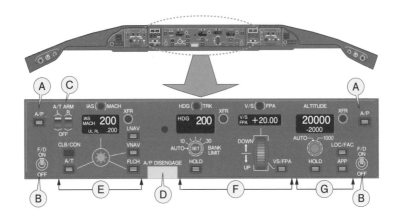

(A) **自動輔助駕駛（A/P：Autopilot Engage Swich）**
PUSH ON推進：飛行控制電腦（FCC）會從自動駕駛端接收訊號，操控每個控制舵面。

(B) **飛行導向器（F/D：Flight Director）**
ON開：在姿態指引儀或抬頭顯示器上顯示指令條（Command Bar）。

(C) **自動油門（A/T ARM：Autothrottle Arm Swich）**
ARM：起飛推力及垂直導航等各模式已完成自動油門操作（自動推力控制）準備。

(D) **自動駕駛斷開電門（A/P DISENGAGE：Autopilot Disengage Bar）**
PULL DOWN：將自動駕駛訊號自飛行控制電腦切斷，警告設備運作。

(E) **速度、推力控制相關**
控制自動油門及自動駕駛、飛行導向器等飛行速度的開關。

(F) **姿態、方位控制**
控制飛行姿態及機首方位的開關。

(G) **高度控制**
控制飛行高度、接收地面無線電信標的開關。

④ 中央前面板（Center Forward Panel）

裝設在中央的面板，上面有備用的姿態指示儀、以及可從左右駕駛座上操作降落的裝置及車輪剎車操作等。

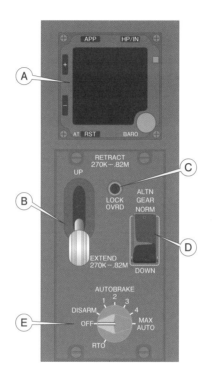

Ⓐ 綜合備用飛行顯示器（ISFD：Integrated Standby Flight Display）
標示備用計速儀、姿態指引儀、高度指示儀的顯示器。

Ⓑ 起落架拉桿（Landing Gear Lever）
降落設備動作的拉桿。握把為仿輪胎形狀。

Ⓒ 超控開關〔LOCK OVRD（Overried）Switch〕
起落架拉桿在地上模式時解鎖的開關。

Ⓓ 備用起落架開關〔ALTN（Alternate）Gear Switch〕
讓起落架放下的備用裝置。不具收起落架的功能。

Ⓔ 自動剎車選擇器（AUTOBRAKE Selector）
選擇自動剎車強度的開關。RTO（Rejected Take Off）為中止起飛時自動動作的最大剎車。

⑤ 控制台（Control Stand）

裝設於中央檯面，可從左右駕駛座操控引擎推力、襟翼等控制操作台。

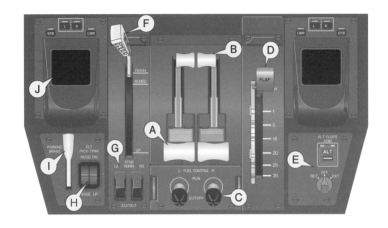

Ⓐ 前油門推力桿（Forward Thrust Lever）
控制引擎推力的拉桿。向前推動則推力增加。

Ⓑ 反向推力桿（Reverse Thrust Lever）
在地面上拉起拉桿時，會使渦輪氣流向斜前方改變，產生剎車力的反向推力裝置。

Ⓒ 引擎燃油閥開關（FUEL CONTROL Switch）
讓燃油從油箱流向引擎的燃料主要油箱蓋開關。

Ⓓ 襟翼設置桿（Flap Lever）
讓襟翼上下擺動的拉桿。

Ⓔ 備用襟翼自動油門及備用襟翼選擇器〔ALTN（Alternate）FLAPS ARM Switch & Alternate Flaps Selector〕
在常規操作下襟翼無法動作時的替代開關。

Ⓕ 減速拉桿（Speed Brake Lever）
操作減速剎車的拉桿。

Ⓖ 切斷安定面開關〔STAB（Stabilizer）CUTOUT Switch〕
強制切斷安定面的開關。

(H) **備用縱向配平開關〔ALTN（Alternate）PITCH TRIM Switch〕**
直切驅動安定面的開關。改變配平參考速度的開關。

(I) **手剎車拉桿（PARKING BRAKE Lever）**
設定手剎車的拉桿。

(J) **光標控制器（CCD：Cursor Control Device）**
顯示螢幕選擇及控制光標位置的裝置。

⑥ 前通道面板（Forward Aisle Panel）

可顯示電氣系統及空調等各系統的示意圖等訊息的多功能顯示面板，為輔助飛行員的電子檢查工具，可準確設定移動到下一個飛行階段，另外也配置了控制面板的鍵盤。

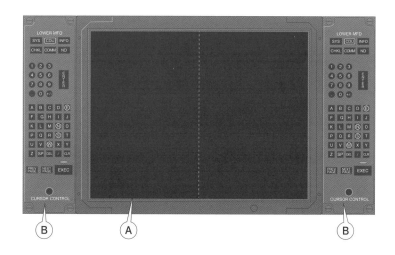

(A) **Multifunction Display (MFD)**
顯示系統圖、電子清單等的多功能顯示面板。作為飛航管理系統（FMS：Flight Management System）的CDU（控制顯示單元：Control Display Unit）時，可分割為左右兩個部分，可由各自的MFK控制。

(B) **Multifunction Keypad (MFK)**
控制MFD的鍵盤。用於切換顯示內容、輸入FMS或資料傳輸。字母上的圓圈代表手動輸入經緯度時的東（E）、西（W）、南（S）、北（N）方向。

⑦ 後通道面板（After Aisle Panel）

航空交通管制機構、公司及其他飛機之間的聲音及資訊無線通信、以及飛行員與地面機械員、飛行員與空服員使用的對講機等通訊機器類、以及引擎起火滅火及預防延燒裝置、及印表機設置等面板。

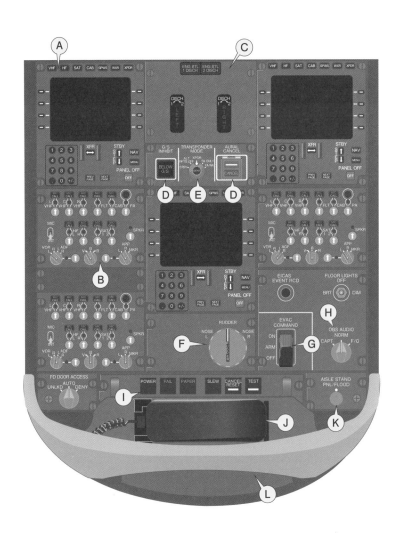

Ⓐ 調諧控制面板（TCP：Tuning and Control Panel）
控制收發器與對講機（頻率設置）的面板。

Ⓑ 音頻控制面板（ACP：Audio Control Panel）
管理（選擇收發訊息等）收發器及對講機的面板。

Ⓒ 引擎消防警報面板（Engine Fire Panel）
引擎起火時，處理滅火及防止延燒的面板。

Ⓓ G/S INHIBIT & AURAL CANCEL Switch
警報系統平常為有效裝置，但當引擎故障而進入緊急飛行狀態時，警報系統反而會造成危害，這項裝置即是用來取消這些警報。

Ⓔ 詢答模式選擇器（TRANSPONDER MODE Selector）
選擇詢答裝置模式的面板。

Ⓕ 旋轉選擇器（RUDDER Trim Selector）
偏航時為維持平衡而調整方向握的面板。

Ⓖ 緊急疏散命令開關〔EVAC（Evacuation）COMMAND Switch〕
發出緊急疏散訊息的開關。

Ⓗ 觀察員通訊選擇器（Observer Audio Selector）
控制觀察員座位通訊裝置的面板。

Ⓘ 影印控制面板（Printer Control Panel）
控制印刷情報及氣象資訊的面板。

Ⓙ 手持話筒（Handest）
機組員間通話或對乘客廣播時使用的手持裝置。

Ⓚ 中央操縱控制板／投光燈控制（Aisle Stand Panel/Flood Light Control）
中央操控面板的操控燈（讓夜間飛航時也能看清楚文字的背光）及控制投光照明的面板。

Ⓛ 印表機（Printer）
印表機及出紙口。

⑧ 頂板（Over Head Panel）

控制各種裝置如維持機內溫度及氣壓穩定的裝置、燃料供應裝置、油壓裝置、配電供應裝置、內外照明裝置、維護作業用裝置等面板。

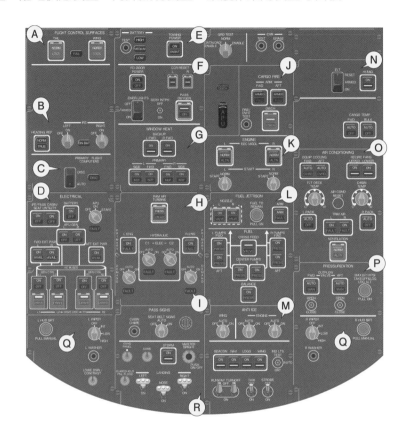

Ⓐ 飛行控制面關閉開關（FLIGHT CONTROL SURFACES LOCK Switch）
防止主翼及尾翼操控舵面在維護作業時錯誤操作的開關。

Ⓑ 慣性導航系統開關（IRS Switch）
計算飛行高度、速度、姿態、方位、位置等的慣性標準設備（IRS：Inertial Reference System）控制面板。

Ⓒ 飛行操控主電腦切斷開關（PRIMARY FLIGHT COMPUTERS Disconnect Switch）
將操縱桿從主操控電腦切斷的開關。

Ⓓ 配電盤（Electrical Panel）
控制發電機、配電盤及輔助動力裝置（APU：Auxiliary Power Unit）的面板。

Ⓔ 牽引電力控制盤 （Towing Power Panel）
牽引未載乘客的飛機時，控制必要電源如通訊機器及打開防衝突照明等的面板。

Ⓕ 乘客氧氣及緊急照明開關 （Passenger Oxigen & Emergency Lights Switch）
客艙的氧氣面罩及緊急照明燈控制面板。

Ⓖ 駕駛艙窗戶加熱面板 （WINDOW HEAT Panel）
預防駕駛艙玻璃窗外部表面結冰或內部表層起霧的電熱除霧控制面板。

Ⓗ 液壓操控面板 （Hydraulics Panel）
控制油壓裝置的面板，用來驅動操縱舵面、高升力裝置、降落裝置、操舵、反
向推力裝置等。

Ⓘ 乘客標示面板 〔PASS（Passenger）Sign Panel〕
透過安全帶標示及警示聲向客艙傳遞訊息的面板。

Ⓙ 輔助動力裝置及貨艙消防警報面板 （APU and Cargo Fire Panel）
探測APU（輔助動力裝置）及貨艙火災並控制的面板。

Ⓚ 引擎控制面板 （Engine Control Panel）
引擎電子控制裝置及啟動控制裝置面板。

Ⓛ 燃油系統面板 （Fuel System Panel）
控制燃油供應及緊急狀態下控制燃油釋放的面板。

Ⓜ 防冰系統面板 （Anti-Ice Panel）
控制引擎罩前緣及主翼前緣防結冰裝置的面板。

Ⓝ 緊急定位傳送控制及溼度控制面板 〔ELT（Emergency Loacator Transmitter）
　　Control & HUMID Panel〕
緊急定位發送控制及駕駛艙內溼度控制的面板。

Ⓞ 空調控制面板 （Airconditioning Panel）
控制駕駛艙及客艙、電子機械類安裝室及貨艙的氣溫及換氣。

Ⓟ 艙壓控制面板 （Pressurization Panel）
保持機內艙壓穩定及控制減壓閥面板。

Ⓠ 雨刷／清潔控制面板 （Wiper/Washer Panel）
控制駕駛艙前的玻璃窗雨刷及清潔液。

Ⓡ 照明控制面板 （Lighting Panel）
控制飛機內外的照明設備。

⑨ ⑩ 抬頭顯示器（HUD：Head Up Display）

如下圖所示，在前側玻璃正前方顯示飛行姿態、速度、高度、滑行跑道燈等飛行情報的裝置。飛行員在抬頭的姿勢下，可以同時確認玻璃窗外滑行跑道的視線、以及顯示器上標示的飛行情報，在降落機場的視線惡劣時，能夠提高安全性，讓駕駛正確操控。顯示的飛行情報可以透過操縱桿上裝設的開關，切換顯示與主要飛行顯示器（PFD）相同的資訊、或是顯示簡單訊息等。不需使用時，可以往上反摺收納。

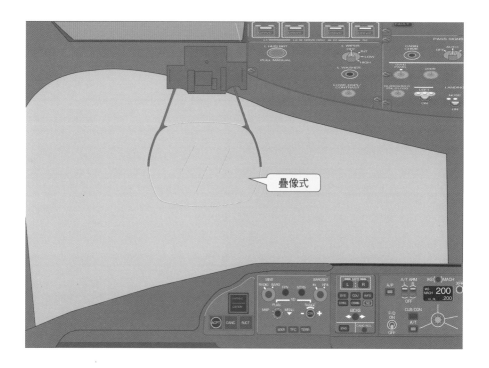

疊像式

疊像式（Combiner）

疊像式抬頭顯示器。可讓擋風玻璃外的視線與投影飛行情報重疊，為半透明的塑膠面板。

⑪ ⑫ 電子飛行包顯示器〔EFB（Electronic Flight Bag）Display Unit〕

飛行員放入飛行包攜帶、與飛航相關各種規章、航空圖表等文件以及飛機必備的飛行日誌等文件電子化，可因應各種必要情況閱讀的系統。透過無紙化，可免去各類文件更新所需的抽換作業，且資訊共用也能提高作業效率。

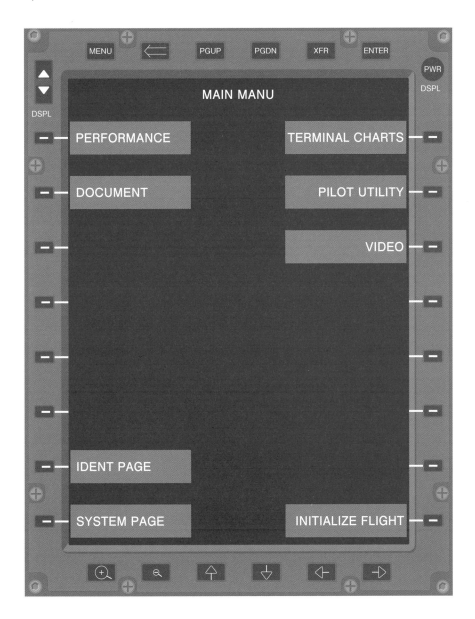

機長與副駕駛

　　類比訊號時代的噴射客機，進行操控的飛行員以及進行其他工作的飛行員的工作分類並不明確。例如右座副駕駛在執行操縱時，有個模糊的規定：「除了非構造性操作外的工作，機長與副駕駛的操作工作可以互相交換」。

　　然而為了更安全而有效的運航而開發的 CRM（Crew Resource Management），其任務共享概念下將執行操控的飛行員稱為 PF（Pilot Flying），而執行其他業務的飛行員稱為 PNF（Pilot Not Flying），讓工作分擔更為明確。

　　其後因 IT（資訊科技：Information Technology）技術發達，工作內容隨之改變且更加明確，PNF 變更為 PM（Pilot Monitoring，監控駕駛員）。此外，與工作無關而負全責及指揮權的機長稱為 PIC（Pilot In Command）。

● PF 的工作內容
• 操控（飛行路徑及飛行速度控制）
• 飛行狀態（決定機翼降落裝置操作期間）
• 導航

● PM 的工作內容
• 朗讀飛行檢查表
• 執行通訊業務
• 執行 PF 要求業務
• 飛航狀態監控

第1章

起飛前（pre-flight）

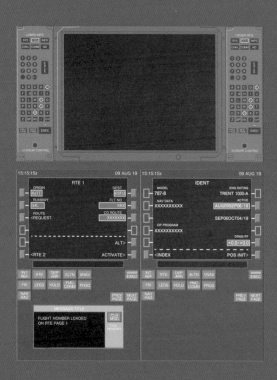

飛行前的準備要確認以下事項：

・飛機狀態是否適合

・駕駛艙設定是否正確

以下來看看實際操作順序。

出發準備的儀表板設定

▌IRS Selector……ON（慣性參考系統……開啟）

　　飛機啟動電源後，第一步先將慣性參考系統操作到ON的位置，開始設定飛行儀表板。

　　IRS（Inertial Reference System）即為**慣性參考系統**，是計算飛機姿態及位置等的重要設備。為了預防操作錯誤，必須要拉起選擇器才能夠切換到OFF。

　　慣性指的是「物體在不受外力下維持同一狀態的性質」。例如電車在靜止狀態下，手拉吊環也是靜止的；但是當電車開始加

速，手拉吊環會因為慣性作用而往行進的反方向傾斜。當電車到達一定速度，吊環又回到原本的位置，電車減速時，吊環則往行進方向傾斜。

這表示電車的**加速度**可以不透過電車外部，而單獨透過觀察吊環測量。透過對該加速度積分（隨時間），可以算出速度，再進一步積分（隨時間），也能算出移動距離。

飛機也是相同情況，如果裝設像吊環一樣的慣性儀表，就能算出飛行速度（對地速度）及移動距離。不過須注意的是：

（1）記憶出發位置
（2）飛機傾斜不會被檢測為加速度
（3）以地圖上的北方為基準而非指北針上的磁北

為了解決這些問題，開發了**慣性導航系統**（INS：Inertial Navigation System）。由於這是利用機械高速旋轉的陀螺性質，在真北及維持水平的平台上裝設加速度表，因此飛機傾斜時就無法檢測出加速度。

不過，為了要記錄出發位置，必須一邊讀出經緯度如「N35.323E139.462」，並手動輸入。透過輸入現在位置及檢測地球自轉角速度，15分鐘左右就能夠計算出真北及水平。

順帶一提，因INS的開發，飛機才開始識別真北。

INS CDU（Control Display Unit）

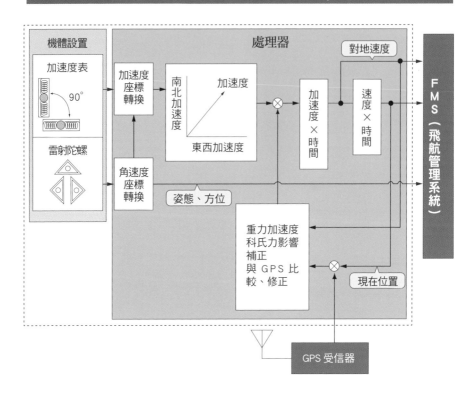

慣性參考系統（IRS：Inertial Reference System）

機體設置

加速度表

90°

雷射陀螺

處理器

加速度座標轉換

角速度座標轉換

南北加速度

加速度

東西加速度

姿態、方位

加速度×時間

速度×時間

對地速度

重力加速度科氏力影響補正與 GPS 比較、修正

現在位置

GPS 受信器

FMS（飛航管理系統）

此前，由於是利用地磁修正陀螺軸，飛機只使用磁北。所以即使是現在，航道等仍然用磁北方位為基準。例如要降落在安克拉治（Anchorage）機場的07號滑行跑道，進場的磁方位為72°。不過在地圖上，幾乎是朝東的方向。其中的偏差（北極與磁北不同而產生的差異）達18°。

　　隨後又開發了IRS，這個系統使用雷射陀螺，比機械陀螺更能正確測出角速度。IRS是採用捷聯式（Strapdown），透過電腦隨時修正假設基準軸。這個方式有很多優點，例如不需要維持機械水平及真北，且體積小而輕量，裝設容易，消耗的電力也較少。

再加上 **GPS**（Global Positioning System，全球定位系統），能更正確掌握位置，不需要手動輸入出發位置。IRS 並非 INS 導航裝置，而是為飛行管理系統提供位置及姿態訊息，稱為**慣性參考系統**。

● 掌握空氣狀態的「大氣數據慣性基準系統」

另外，須留意的是 IRS 是一種用來了解相對於地球表面的速度及位置的裝置，即飛機與地面的關係。由於飛機是利用空氣飛行，必須掌握高速通過的空氣狀態。這個裝置就是**大氣數據慣性基準系統**（ADRS：Air Data Reference System），它利用空速管（皮托管）、靜壓孔及溫度感測器感應空氣並處理訊息。

作用於飛機的空氣力有靜壓（外部氣壓）及動壓（飛機運動

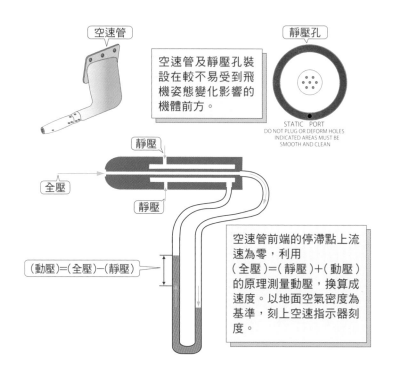

空速管

靜壓孔

空速管及靜壓孔裝設在較不易受到飛機姿態變化影響的機體前方。

STATIC　PORT
DO NOT PLUG OR DEFORM HOLES
INDICATED AREAS MUST BE
SMOOTH AND CLEAN

靜壓

全壓

靜壓

（動壓）=（全壓）-（靜壓）

空速管前端的停滯點上流速為零，利用
（全壓）=（靜壓）+（動壓）
的原理測量動壓，換算成速度。以地面空氣密度為基準，刻上空速指示器刻度。

產生的壓力）。空速管可將動壓換算為空速，靜壓孔則檢測靜壓並換算為氣壓高度或上升／下降率。檢測出的壓力會透過空中數據模組（ADM，Air Data Module）轉換為電子資料，從配管轉換成配線，大大減輕重量及提高可靠性。

飛機的主要速度表即為**空速表**，這不是按照一般時間表示行進距離。大致說來，這並非時速表，而是動態壓力表。這是因為作用於飛機的空氣力當中，支撐飛機的叫做升力，而阻礙行進的則稱為阻力，而這些空氣力與動態壓力成正比。按照以動態壓力為基準的速度表飛行，不僅可以了解支撐飛機的升力，也可以得知影響飛機強度的阻力。

馬赫數就是以 $\dfrac{（全壓）}{（靜壓）}$ 計算出。這是因為 $\dfrac{（全壓）}{（靜壓）}$ 與馬赫數的平方成正比。

溫度感應器則是測量空氣與飛機碰撞時上升的溫度，也就是**全溫**（TAT，Total Air Temperature）。而外界空氣溫度（OAT，Outside Air Temperature）則是相對於全溫，也可稱為**靜壓空氣溫度**（SAT，Static Air Temperature），這並非由 ADRS 直接測量，而是電腦計算出來的。

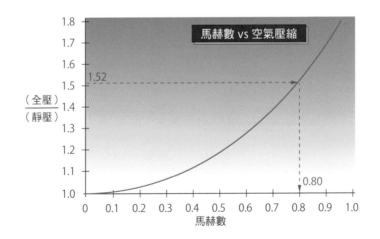

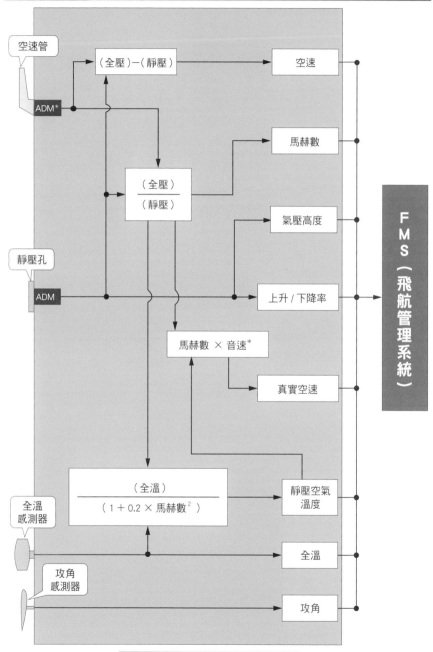

大氣數據慣性基準系統（ADRS：Air Data Referenca System）

＊音速＝$\sqrt{38.97 \times\ 273.15 + 靜壓空氣溫度}$（節 knot）

＊ ADM：空中數據模組，Air Data Module

▌STATUS……CHECK（航班……確認）

慣性參考系統開啟後，接下來就是機長的「出發前確認」，即航空法規定的檢查項目。

MFD（Multi-function display，多功能顯示器）上顯示STATUS航班頁及EICAS引擎指示及機組警告系統，確認引擎、燃油量、承載燃油量、液壓油量、氧氣面罩用氧氣瓶壓力等。另外也要確認是否裝配「飛機必備相關文件」。

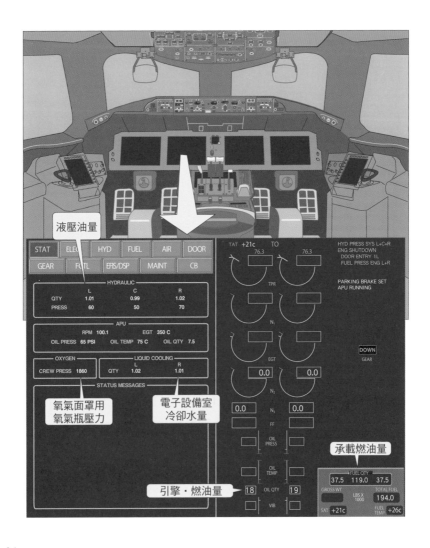

機長「出發前確認」

・日本航空法第73條之2

機長須根據日本國土交通省令的規定，確認航空器無礙於航行並做好其他必要的飛航準備後，方可讓航空器出發。

・日本航空法施行規則 164條之15

依日本航空法第73條之2之規定，機長確認的事項如下所示。

一　該航空器及其應配裝備之維護準備狀況

二　起飛重量、降落重量、重心位置及重量分布

三　日本國土交通大臣依日本航空法第99條所提供的訊息（以下稱航空訊息。）

四　該飛航之必要氣象訊息

五　燃料及潤滑油裝載量及其品質

六　裝載物之安全性

「飛機必備文件」

・日本航空法第59條

航空器（國土交通省令規定的航空器除外。）在未提供左側所列文件的情況下不得用於飛航。但依第11條第1項但書規定取得許可者不在此限。

一　航空器登記證

二　試航證明

三　航空日誌

四　其他日本國土交通省令規定的航空安全所需的其他文件

・日本航空法施行規則 144條之2

依日本航空法第59條第4項國土交通省令規定的航空安全所需文件為下列文件。

一　操作限定指定書

二　飛行規則

三　根據航段、飛行方式和其他飛行特性，制定合適的航空圖

四　操作規程（限用於航空運輸業務）

■ FMS（Flight management system）……SET ／ 飛航管理系統……設置

啟動 IRS 及確認承載燃油量、引擎、油量、必備文件確認等通常由 PM(Pilot Monitoring，通常為副駕駛) 負責，而 PF(Pilot Flying，通常為機長) 則負責飛機外部檢查（工作分擔有時會因航空公司而不同 ）。當 PF 檢查完飛機外部回到駕駛艙時，就會開始與 PM 一起操作設置 FMS。

而進到駕駛艙，要先打開 IRS 是因為雷射陀螺儀檢測出地球自轉角速度並計算真北與水平、到達能提供位置情報的狀態，需要 10 分鐘左右的校準調整。而 IRS 校正完成後，才能開始設定 FMS。

IRS 校正只能在地面完成，校正期間飛機不能移動。而愈靠近地極的高緯度地區，地球自轉的角速度就會變小，因此需要花更多時間。而雷射陀螺儀能夠算出變小的角速度、提高真北極水平準確性的所在緯度有所限制。波音 787 在北緯或南緯 78°以上地區就禁止使用校正。空中巴士的 A380 則在緯度 82°以上不能使用、而採用機械式陀螺儀的波音 747-200 在緯度 76°以上不能校正。

這項限制意味著，「北緯 78°以上的機場停機坪內，IRS 開啟後有可能無法在既定時間內到達自主狀態」。飛機在未達北緯 78°的機場內校正後起飛，那麼通過北緯 78°以上、甚至是飛過北極上空也沒有問題。

飛機外部檢查以目測檢查結果為主，不需要做更多的檢查或確認，這是為了確保飛機適航而實施。

檢查重點項目

- ・飛機構造無損且無漏油
- ・輪胎無磨損或傷痕
- ・引擎的空氣進氣口及排氣口乾淨、引擎罩無損
- ・空速管與靜壓孔無阻塞
- ・逃生門確實關閉
- ・各檢修蓋板已鎖定
- ・各種天線無損壞

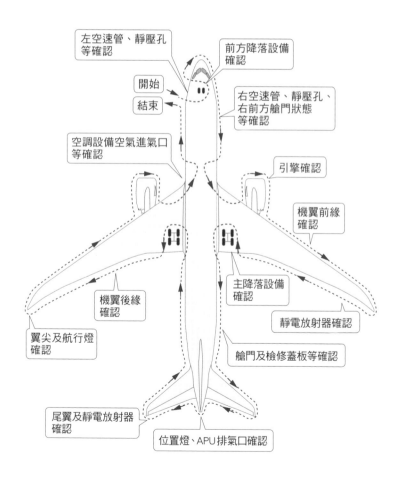

● 出發前FMS的各種準備

回到FMS的出發前操作。首先從飛機和引擎的類型開始確認。就算機種相同，機體與引擎的類型不同時，飛行性能就會有很大差異，因此掌握自己要搭乘的飛機及引擎資訊相當重要。

接著要確認導航資料庫的資料有效。根據國際協議，每28天會發布航運重要設施、起飛及降落方式、以及航線等變更訊息。必須確認這些資訊都有登錄在FMS的資料庫中。此外，由於GPS的定位訊息準確，飛行員無需自行輸入位置，但需要確認該資訊與其停機的登機口經緯度相同。

接著就進入導航資料的設定操作。到達目的地的路線就稱為公司航線，透過數據資料鏈上傳到FMS。接收到的路線會與FMS中的資料庫連接，選擇「ACTIVATE」啟動，讓它「EXEC（執行）」，這一連串的操作後FMS的引導功能就準備完成。接著，需確認FMS內航線與對航空交通管制機構提出的飛行計畫一致。而航點（Waypoint）則是以地理上的地點作為航線中的基點。

最後，設定完與飛行性能相關的事項後，FMS的出發準備就完成了。由最後搭乘人數及載貨量計算出的無油重量（Zero-fuel Weight，ZFW，扣除燃料的總飛行重量）輸入後，加上實際承載的燃油重量後，就是起飛重量。起飛重量可計算出起飛推力及起飛速度等。引擎發動後，透過FMS燃油管理功能從起飛重量中減去燃油流量，計算出的飛行重量就成為失速速度等飛行性能的基準。

FMS出發前操作

- Initial Data……Set（**初始資料……設置**）
  確認飛機及引擎類型、導航資料庫有效期限
  確認出發地點位置、顯示時間

- Navigation Data……Set（**導航資料……設置**）
  確認上傳航班、飛行路線及啟動

- Performance Data……Set（**飛行性能資料……設置**）
  輸入飛行重量、確認承載燃油量、確認起飛速度等

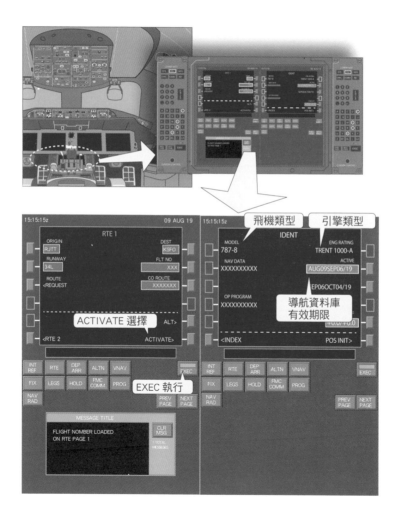

● FMS 的性能大大高於 PMS

　　FMS 設置操作完成後，以下確認一下它的功能。以下先探索在開發出 FMS 前的導航設備，即飛行性能管理系統（PMS：Performance Management System）。

　　PMS 是根據既有的 INS 改造而成的系統，可算出飛機上升、巡航、下降時的經濟速度，利用自動控制引擎推力引導垂直方向路線，屬於使用垂直導航的導航設備。相對於 INS 只能記憶 9 個航點，PMS 可以記憶 72 個。不過像歐洲航班，航線上共約有 70 個航點，要將這些經緯度讀出「北緯 35°329」，且須對照輸入，起飛前的準備工作相當辛苦。

波音 747-200 PMS CDU

NAV	DATA			1/4
FRM	WPT	1A	DTG	32.4NM
TO	WPT	2A	TTG	05:04.5
XTK	0.0R	TKE	000° L	

CLB CRZ DES

PMS INOP INOP INOP

ENG LIM	MAN	CLB	FWD	1	N 2	3
WPT	PERF DATA	CRZ	BCK	W 4	5	6 E
NAV DATA	NAV AID	DES	DIM	7 —	8 S	9 +
	INSERT	PLNG		0	CLEAR	STS TEST

　　其後，隨著電腦和輸出顯示設備的發展，採用線傳飛控、電子引擎控制等的飛機時代來臨，FMS也隨之登場。這種以電子為主體的飛機內置自動控制較容易，與類比式飛機相比，擁有更高的可信度以及更出色的準確性。因此，**即使FMS和PMS的功能相同，其準確性仍有很大差異**。

　　FMS除了導航管理系統及飛機性能管理系統外，還多了**燃油監視功能及顯示功能**。另外透過數據通訊功能，FMS的數據資料庫更新不僅更簡單，也不需要輸入飛行路線，能夠減輕飛行員的工作量，對提升飛行效率有很大的貢獻。此外，早期的**CDU**（控制顯示器，Control Display Unit）為FMS專用，但現在主流大多可根據飛行員的需求，能夠做多功能操作顯示及讀取。

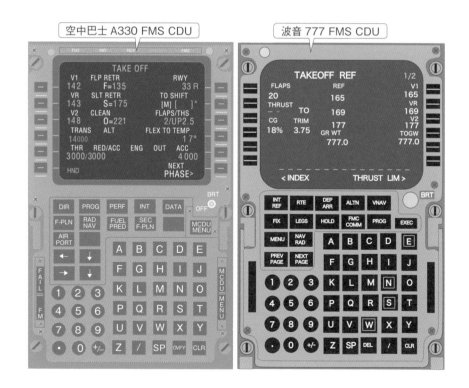

空中巴士 A330 FMS CDU

波音 777 FMS CDU

█ 機長與副駕駛起飛準備操作

由機長與副駕駛2人共同完成FMS設定後，便各自在負責的操控面板上檢查（像掃描線一樣，以固定順序仔細檢查每個面板），開始起飛準備操作。

各自操作結束後，就開始執行飛行前檢查清單。這項清單是幫助飛行員讓飛機能夠正確前往下一個飛行階段的工具，將檢查項目列舉成表格。而現在的檢查清單，已經不將檢查項目印刷成紙本，以畫面顯示電子確認清單為主。

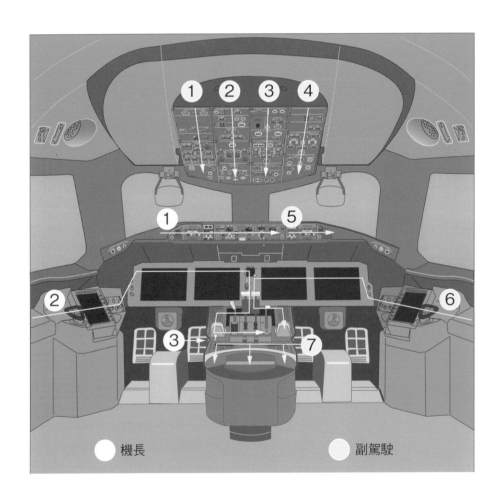

機長　　　　　　　　　　　　　副駕駛

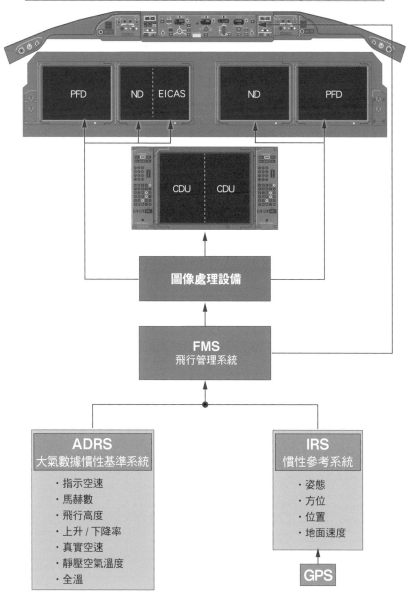

IRS與ADRS數據流

PFD	EICAS	ND
・空速、姿態、高度 ・馬赫數、方位、上升／下降率 ・地面速度、真實空速	・全溫 ・靜壓空氣溫度	・方位、位置 ・地面速度 ・真實空速

PFD　　ND　EICAS　　ND　　PFD

CDU　CDU

圖像處理設備

FMS
飛行管理系統

ADRS
大氣數據慣性基準系統
・指示空速
・馬赫數
・飛行高度
・上升／下降率
・真實空速
・靜壓空氣溫度
・全溫

IRS
慣性參考系統
・姿態
・方位
・位置
・地面速度

GPS

PF（pilot fly，操控駕駛員）跟PM（pilot monitor，監控駕駛員）對CDU（Control Display Unit，控制顯示器）的操作順序

類比時代的飛機，每台機器都是一個完整的系統，飛行員需要從各機器獲取獨立訊息，並將之合併，做出正確操縱。例如早期的波音747，當管制員指示「上升到○○英呎、朝○○直行、減速至○○節」時，飛行員便操作中央操控台上的自動油門控制面板，設置最大上升推力，然後操作遮光板前方的自動駕駛控制面板，讓機首保持向上姿勢開始上升。到達指定速度後要同時設置速度保持模式，甚至要確認指示直行的航點編號後操作中央操控台上的INS CDU，每一個都必須執行獨立面板操作。

FMS只要在CDU上操作，就能夠快速完成管制員的指示，減輕了飛行員的工作量。另一方面，CDU對飛行而言是一項有重大影響的設備，它的操作順序就必須確實確認。例如2位飛行員都在遮光板內埋頭操作CDU，可能無法掌握飛行狀態及監控外部。

因此，除起飛準備外，在飛行中（包含地面滑行）的CDU操作，順序都是由PF下指令，PM實際執行。而在實際操作FMS的EXEC按鈕時，採用的操作順序（Confirm Action）是PM需說出「Standing By EXECUTE」口頭請求許可，PF確認操作內容後口頭回應許可「EXECUTE」。

第 2 章

啟動引擎

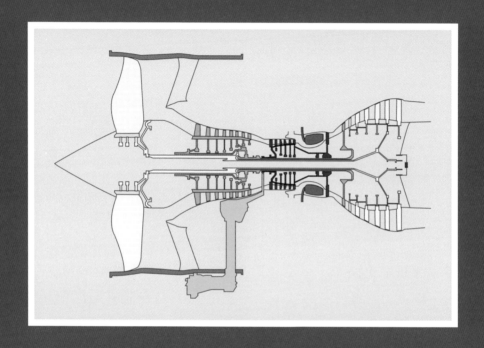

本章先談從準備起飛到降落，要經過哪些過程，再
來針對飛機的舵面（作為機舵功能的機翼）名稱及
駕駛艙面板（操作板）的功能一探究竟。

開始登機

▌ 起飛前簡報

　　通常乘客開始登機為預計出發時間的前20～30分鐘。飛行員在乘客搭乘前，必須坐在駕駛艙內。機長（PIC）要先進行出發前檢查，確認飛機處於適航狀態才提出允許登機，並與副駕駛一起進入駕駛艙，開始進行操控面板的詳細設定。

　　面板設定完成後，準備起飛的FMS CDU會在「TAKEOFF REF」頁面上顯示起飛速度V_1、V_R、V_2，參考EFB（電子飛行包）顯示的標準儀表離場程序，進行起飛簡報。簡報在各個重要的飛行階段，都是由負責操縱的PF飛行員實施，這項簡報是為了讓所有機組員了解，PF在正常飛行以及緊急情況下的所有操作程序。此外，即使機組員沒有變換，這項簡報仍會在每一個航班進行。

　　例如以起飛期間引擎故障的簡報為例。簡報內容為：開始加速起飛，當V_1速度之前發生引擎故障，須明確呼叫「Reject」並進入起飛停止操作，需要緊急逃生時下指示，如果在V_1速度之後，則讓引擎維持故障狀態繼續起飛，PM負責通報ATC（航管機關）緊急狀況並請求引導至可以釋放燃油的區域，採取適當措施後返回出發地點。

　　透過在駕駛艙內共同了解PFD的操作程序，即使實際發生引擎故障，也可以順利運行。

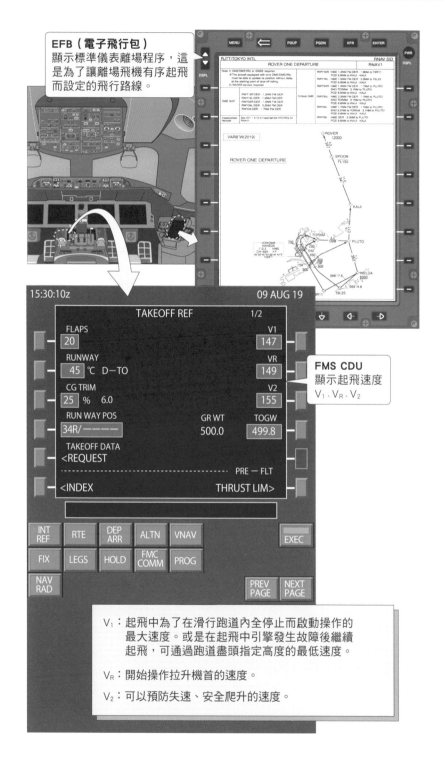

EFB（電子飛行包）
顯示標準儀表離場程序，這是為了讓離場飛機有序起飛而設定的飛行路線。

FMS CDU
顯示起飛速度
V_1、V_R、V_2

V_1：起飛中為了在滑行跑道內全停止而啟動操作的最大速度。或是在起飛中引擎發生故障後繼續起飛，可通過跑道盡頭指定高度的最低速度。

V_R：開始操作拉升機首的速度。

V_2：可以預防失速、安全爬升的速度。

準備啟動引擎

▌油壓控制面板⋯⋯設定（SET）

乘客登機及貨物裝載完成後，所有艙門關閉，就開始**啟動引擎**。有些國家會在登機口前啟動引擎，利用飛機的推力反向器（Thrust reverser）向後倒出，但一般都是用牽引車將飛機後推至能夠自己向前行駛的**滑行跑道**（Taxiway）上。大多數都是在後推時啟動引擎。

此外，後推時就是將剎車的輪檔（Block）移除，因此出發又叫Block out（鬆剎車器自空橋後推），抵達又叫Block in（停機滑入），而從出發到抵達的時間又叫Block time（輪擋時間、運行時間）。而飛行時間（Fly time）則為起飛至降落的時間，這也是計算消耗燃油量的基準。

能夠開始後推，除了要得到對飛行計畫的飛航管制放行（ATC clearance）及後推許可外，也必須完成啟動引擎的控制面板設定。接下來就讓我們探索這個操作順序吧。

首先，最重要的是啟用在液壓系統上運作的**轉向裝置**。不過這一定要跟地面機械員確認「啟動液壓系統是否安全」。**必須從地面機械員那裡接收到確認安全的回報**，例如降落設備席操控系統周圍並未進行維修工作、或牽引車的連接已經完成等訊息，**才能操縱電動液壓泵浦**。

油壓控制面板

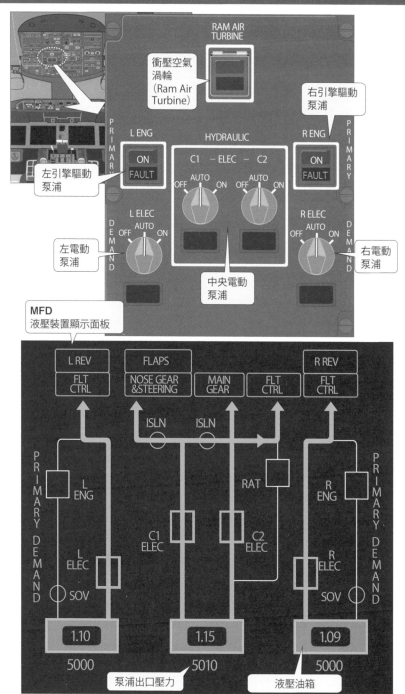

RAM AIR TURBINE

衝壓空氣渦輪（Ram Air Turbine）

右引擎驅動泵浦

L ENG　ON　FAULT
左引擎驅動泵浦

HYDRAULIC
C1 — ELEC — C2
OFF AUTO ON　OFF AUTO ON

R ENG　ON　FAULT

PRIMARY

PRIMARY

L ELEC
OFF AUTO ON
左電動泵浦

DEMAND

R ELEC
OFF AUTO ON
右電動泵浦

DEMAND

中央電動泵浦

MFD
液壓裝置顯示面板

L REV
FLT CTRL

FLAPS
NOSE GEAR &STEERING

MAIN GEAR

FLT CTRL

R REV
FLT CTRL

FLT CTRL

ISLN　ISLN

PRIMARY DEMAND

L ENG

RAT

R ENG

PRIMARY DEMAND

C1 ELEC

C2 ELEC

L ELEC

SOV

R ELEC

SOV

1.10

1.15

1.09

5000

5010

5000

泵浦出口壓力

液壓油箱

49

▌燃油控制面板……設定（SET）

為了將燃料抽送至引擎，必須將油箱裡的**燃油泵浦**打開。但因為切斷燃油流入引擎的閥門是關閉的，由於負載限制，泵浦在實際啟動前不會運行。因此即使燃油泵浦打開了，顯示泵浦出口壓力低的「PRESS」標示仍然會亮著。而左翼油箱因為正在為APU（輔助動力系統）供油，因此顯示燈不會亮燈。

中央油箱的泵浦比左右油箱的泵浦出口壓力高，**即使左右油箱的泵浦在運轉，也會優先由中央油箱供油**。原因是相對於主翼產生的升力，機翼內燃料的重力有**減小機翼底部彎矩**（bending moment）的功能。

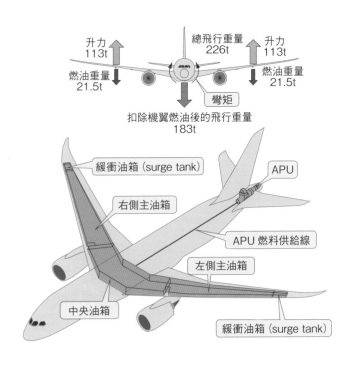

升力
113t

總飛行重量
226t

升力
113t

燃油重量
21.5t

燃油重量
21.5t

彎矩

扣除機翼燃油後的飛行重量
183t

緩衝油箱（surge tank）

APU

右側主油箱

APU 燃料供給線

左側主油箱

中央油箱

緩衝油箱（surge tank）

燃油控制面板

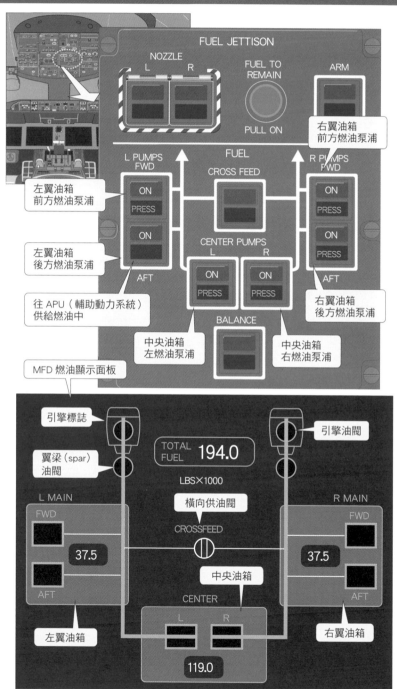

FUEL JETTISON

NOZZLE
L　R

FUEL TO REMAIN

PULL ON

ARM

右翼油箱
前方燃油泵浦

L PUMPS
FWD

FUEL

CROSS FEED

R PUMPS
FWD

左翼油箱
前方燃油泵浦

ON
PRESS

ON
PRESS

ON
PRESS

ON
PRESS

左翼油箱
後方燃油泵浦

CENTER PUMPS
L　R

AFT

ON
PRESS

ON
PRESS

AFT

右翼油箱
後方燃油泵浦

往 APU（輔助動力系統）
供給燃油中

BALANCE

中央油箱
左燃油泵浦

中央油箱
右燃油泵浦

MFD 燃油顯示面板

引擎標誌

引擎油閥

翼梁（spar）
油閥

TOTAL
FUEL　194.0

LBS×1000

L MAIN

橫向供油閥

CROSSFEED

R MAIN

FWD

FWD

37.5

37.5

中央油箱

AFT

AFT

左翼油箱

CENTER
L　R

右翼油箱

119.0

51

啟動引擎

飛機啟動引擎不像汽車要用鑰匙，而是另有控制啟動的開關、燃油閥的開關、以及控制火星塞的開關。

▌ START Selector……START（啟動選擇器……啟動）

將**啟動選擇器**（啟動選擇旋鈕）轉到啟動位置。開啟油箱內的翼梁油閥，電動啟動器開始運作。當啟動完成，啟動選擇器就會跳回「NORM（標準）」的位置。

▌ FUEL CONTROL Switch……RUN（燃油控制開關……運轉）

將**燃油控制開關**轉到RUN（運轉）的位置。讓翼梁油閥維持開啟狀態，對**電子引擎控制器**（EEC：Electronic Engine Control）發送準備開啟引擎燃油閥的訊號、以及準備操作火星塞的訊號。

透過以上操控，首先，隨著電動啟動器的運轉，以齒輪連接的高壓壓縮機會開始轉動。空氣從引擎進氣口自然吸入後，經過壓縮機壓縮，進入燃燒室，讓渦輪轉動後從排氣口噴出。不過在這個階段，它不像渦輪引擎那樣，是空氣與燃料的混合氣體，而是**僅壓縮空氣**。因為噴射引擎的燃料是煤油，煤油的空燃比（空氣與燃料的質量比）為14～18：1，因此需要足夠的空氣才能達到這個比例。雖然不同的引擎會有所差異，不過高壓壓縮機的每分鐘轉速為1,500～2,000rpm，相當高速。

引擎啟動系統

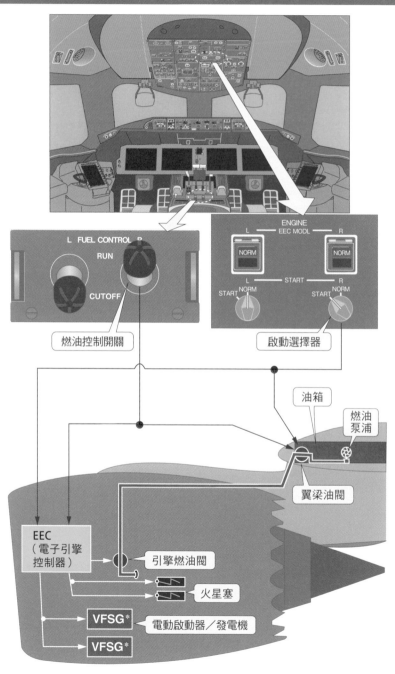

燃油控制開關

啟動選擇器

油箱

燃油泵浦

翼梁油閥

EEC（電子引擎控制器）

引擎燃油閥

火星塞

VFSG*

VFSG*

電動啟動器／發電機

＊ Variable Frequency Starter/Generator 變頻同步發電機

在啟動器的輔助下，當達到可得空燃比的轉速時，EEC會先啟動火星塞，再打開引擎燃油閥，將燃油噴入燃燒室。這個順序就像廚房瓦斯爐發出喀擦聲、產生火花後排出煤氣，然後點火。此外，地面機械員會確認點火狀況，不過也可以透過駕駛艙內排氣溫度計（EGT，Exhaust Gas Temperature）突然升高來確認。

EEC逐漸增加燃油量，當達到可以自行加速的轉速（約為起飛推力之50%）時，就會斷開啟動器及引擎，並停用火星塞。接著利用引擎本身的動力進行加速，當達到怠速並穩定後，啟動就完成。活塞引擎（又稱往復式引擎）啟動後幾秒內即可達到怠速，而噴射引擎則需要30秒以上。

● 波音787使用的「VFSG」是什麼？

順帶一提，波音787的啟動器不是大多數飛機使用的氣動啟動（pneumatic starter），而是採用一種VFSG（Variable Frequency Starter Generator）裝置，具有電動啟動和發電機的功能。VFSG能透過半導體技術控制頻率，不需經過定速驅動裝置，發電機就可以直接與引擎連接，當引擎停止時通電，就變成電動馬達，而如果利用引擎動力讓它轉動，它就變成發電機。這就類似於將電信轉換成聲音的揚聲器可以當麥克風，反之，將聲音轉換為電信的麥克風可以當作揚聲器。

接著讓我們來了解一下啟動器轉動的壓縮機。波音787搭載的引擎是特倫特1000A（勞斯萊斯Trent 1000A），它的壓縮機是擁有低壓壓縮機（N_1）、中壓壓縮機（N_2）和高壓壓縮機（N_3）3軸的軸流式壓縮機。6段式高壓壓縮機由1段高壓渦輪旋轉，8段式中壓壓縮機由1段中壓渦輪旋轉，1段式低壓壓縮機，即風扇，則由6段低壓渦輪旋轉。而這些壓縮機並非機械式互相連

噴射引擎組件名稱（Trent 1000A）

N₁：風扇（低壓壓縮機1段）

EGT：排氣溫度

N₂：中壓壓縮機8段

燃燒室

N₃：高壓壓縮機6段

高壓渦輪1段

中壓渦輪1段

低壓渦輪6段

變速箱
電動啟動器／發電機
引擎驅動油壓泵浦
電子引擎控制器
其他

結，而是彼此獨立運轉。

噴射引擎將壓縮機吸入的空氣動能轉化為壓力能，壓力增加50倍且溫度約提高700度，並在空氣中加入燃料燃燒，獲得更大的能量並產生推力。

● 4個引擎的主要儀表是什麼？

接下來我們來了解一下引擎的主要儀表有哪些。

・TPR（Turbofan Power Ratio，渦輪風扇功率比）

表示引擎推力的參數（間接顯示彼此關係的輔助變量）。由於推力無法直接測量，它是由引擎數據及空氣數據做線性比例參

數計算而出，沒有單位。引擎數據包括進氣壓力和溫度、壓縮機出口壓力、排氣溫度等，而空氣數據包括ADRS（參考本書p.31）計算出的氣壓高度及馬赫數等。

· N_1、N_2、N_3

轉速的單位不是每分鐘轉速rpm，而是**相對於基準轉速的百分比（%）**。這台引擎的100%轉速是N_1：2,683rpm、N_2：8,937rpm、N_3：13,391rpm，例如當轉速51.9%時，N_3就是13,391×0.519＝6949.9rpm。這是因為儀表顯示數值上，「51.9」比「6949.9」更容易讓飛行員檢查引擎狀態以及設定推力。此外，基準100%並非上限值，也有可能超過100%。

· EGT（Exhaust Gas Temperature，排氣溫度）

雖然想測量暴露於從燃燒室出來的初始高溫氣體的高壓渦輪前的溫度，但考量到能夠測量1,600度以上的測溫材質以及成本，**只測量中壓渦輪及低壓渦輪之間的溫度**。

· 燃油流量表

每小時流動的燃油重量〔磅（Lbs）/hr或kg/hr〕。之所以用質量流量表，是為了計算出飛機的重量。

除上述引擎的主要儀表外，還有與機油相關、以及與引擎震動相關的儀表。

EICAS（Engine Indication and Crew Alerting System，引擎顯示和機組警告系統）顯示螢幕

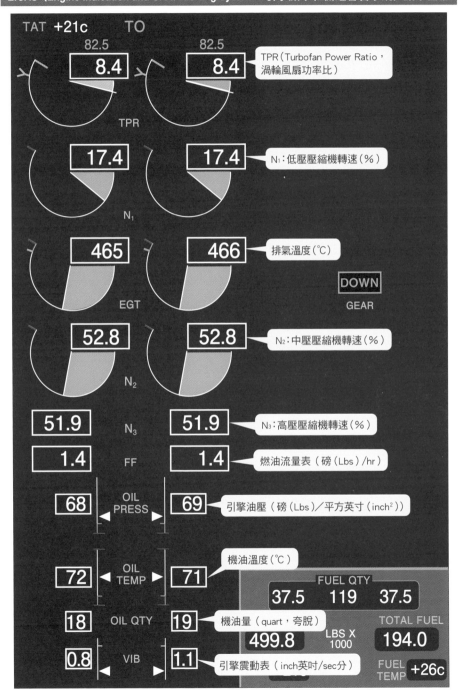

TAT +21c　　TO

82.5　　　　82.5

8.4　　　8.4　── TPR（Turbofan Power Ratio，渦輪風扇功率比）

TPR

17.4　　17.4　── N₁：低壓壓縮機轉速（％）

N₁

465　　466　── 排氣溫度（℃）

EGT

DOWN
GEAR

52.8　　52.8　── N₂：中壓壓縮機轉速（％）

N₂

51.9　　N₃　　51.9　── N₃：高壓壓縮機轉速（％）

1.4　　FF　　1.4　── 燃油流量表（磅（Lbs）/hr）

68　 OIL PRESS 　69　── 引擎油壓（磅（Lbs）／平方英寸（inch²））

72　 OIL TEMP 　71　── 機油溫度（℃）

18　OIL QTY　19　── 機油量（quart，夸脫）

0.8　VIB　1.1　── 引擎震動表（inch英吋/sec分）

FUEL QTY
37.5　119　37.5

TOTAL FUEL

499.8　LBS X 1000　194.0

FUEL TEMP　+26c

駕駛艙與地面機械員之間的溝通

　　後推及引擎啟動的過程中，**駕駛艙和地面機械員之間以清晰簡潔的方式溝通**。以下以飛行員（**P**）與地面機械員（**M**）的對話為例。

P：「呼叫地面管制，駕駛艙請求推出。機首朝南」

M：「地面管制收到駕駛艙，機首朝南。鬆開剎車器」

P：「OK，剎車器鬆開」

M：「開始推出」

P：「啟動右引擎」

M：「右引擎，啟動，OK」

P：「啟動左引擎」

M：「左引擎，啟動，OK」

P：「引擎啟動正常」

M：「引擎啟動正常，收到。推出完成。設定剎車器」

P：「OK，剎車器設定。地面設備全部切斷（請求脫離所有地面設備）」

M：「收到，一路順風」

　　接著從駕駛艙移動到可以看到的位置，戴上對講機的耳機等設備。

　　如上所示，駕駛艙對地面的呼號為「地面管制」，而地面對駕駛艙則呼叫「駕駛艙」，**互相複誦確認相當重要**。

第 3 章

Takeoff（起飛）

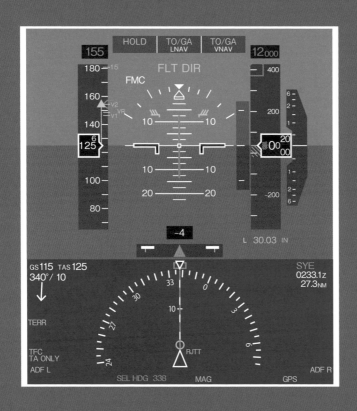

引擎輸出到最大，速度從零加速到300km/h以上，
主翼必須支撐200公噸以上的飛行重量，起飛時作
用在飛機上的力最大。以下讓我們探討起飛的操作
程序，這是最艱難的飛行階段。

滑行

啟動引擎後，當獲得 ATC（Air traffic control，航空交通管制）許可，飛機將可以朝向跑道**滑行**。

每台引擎在地面上的**怠速推力**約有 1 公噸，如果起飛重量較輕，只需要鬆開剎車器即可開始滑行。但當起飛重量變重時，很難靠怠速推力前進，需要更大的推力。因此，引擎排氣而在飛機後方造成的衝擊波（瞬間強風）約 45m 以上，需要留意。

最大起飛重量下開始滑行所需出力（1.5t/ 引擎）

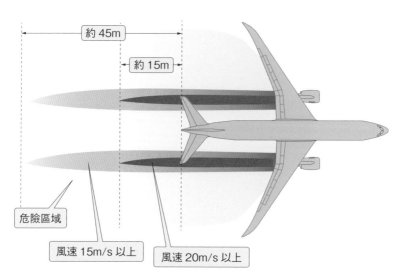

風速 15m/s 以上

風速 20m/s 以上

危險區域

約 45m

約 15m

危險區域

風速 15m/s 以上

風速 20m/s 以上

▌APU Selector……OFF（輔助動力系統選擇器……關閉）

　　要讓供電的APU在引擎啟動前停止，要將**APU動力輔助系統選擇器**設置到OFF的位置。不過設置為OFF後，並不會立刻停止，而是在APU充分冷卻後才停。

　　引擎啟動完成後，電源供應自動從APU驅動發電機切換到**引擎驅動發電機**，包括空調系統在內的所有系統都啟動。

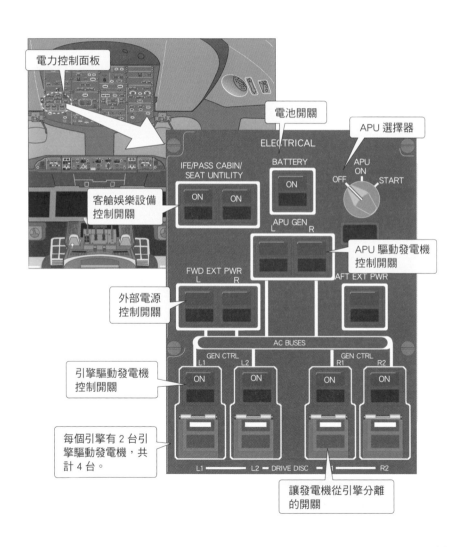

▌ Flap lever……Set take off flaps（襟翼設置桿……設定起飛襟翼）

操作襟翼桿，將襟翼設置到起飛位置。襟翼是安裝在主翼前後的下翼，即使在低速時也能獲得穩定升力而不失速，是一種高升力裝置。

前緣襟翼包括縫翼（左右各12）與克魯格襟翼（左右各2）。克魯格襟翼安裝在引擎的安裝位置，充當縫翼之間的封材（填充材料）。兩者均與後緣襟翼連動作用。後緣襟翼由簡單的旋轉致動機器致動。因此後緣襟翼還配備了後緣可變外傾角裝置（TEVC，Trailing Edge Variable Camber），可以透過在巡航期間，稍稍操作襟翼讓升力分布達到最適狀態，用以減少誘發阻力。誘發阻力是從翼尖流出的渦流產生，與升力的平方成正比。

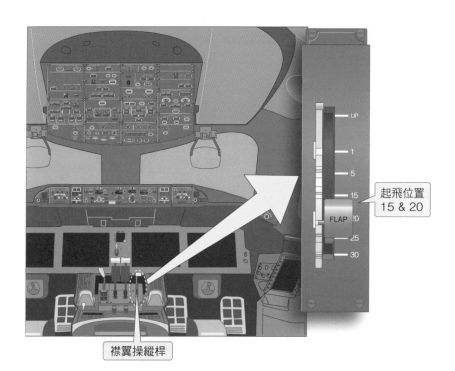

起飛位置
15 & 20

襟翼操縱桿

襟翼

- 副翼
- 排油噴嘴
- 外側襟翼
- 副襟翼
- 內側襟翼
- 鉸鍊蓋
- 擾流板
- 主翼
- 翼縫

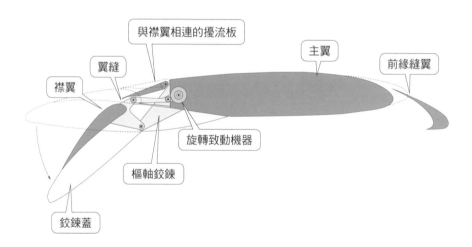

- 與襟翼相連的擾流板
- 翼縫
- 襟翼
- 主翼
- 前緣縫翼
- 旋轉致動機器
- 樞軸鉸鍊
- 鉸鍊蓋

TEVC（Traling Edge Variable Camber）
根據飛行條件稍微操作後緣襟翼，優化升力分布並減少誘發阻力
的裝置。

＊誘發阻力：因從翼尖流出的渦流而產生的阻力，與升力係數的平方成正比。

這裡，筆者想確認一下襟翼的作用。因此以下來探討是什麼讓**升力**產生變化。

● 升力由「升力係數」×「動壓」×「機翼面積」決定

升力是「對靜止空氣運動的反作用」。所謂運動，是在機翼前緣讓空氣流上吹，沿機翼上表面畫出弧線，再往機翼後緣下吹的動作。如果畫出的弧線大，空氣流向下吹的角度愈大，運動量就愈大，空氣對機翼的反作用力也愈大。也就是說，機翼後方的下吹洩壓角與升力成正比。

接著將升力的大小用數學式子來探討。動態壓力作用在空中高速移動的機翼。動態壓力是來自空氣動能的壓力，它是以單位面積計算的力學。而整個機翼上的力為（動壓）×（機翼面積）。不過，就算機翼相同，由於外傾角（機翼上表面的彎曲程度）和攻角不同，空氣流向下吹的角度也不一樣，因此作用力的大小也會有所不同。因應這些變化的係數，就是**升力係數**。從以上可得知，升力可以表示為：

（升力）＝（升力係數）×（動態壓力）×（機翼面積）

飛機機翼的設計是為了在巡航時發揮最大性能，因此**在飛行速度較慢的起飛狀態，需要一些努力**。在這方面下工夫的，就是讓外傾角增大的襟翼，進一步透過抬高機首（15°左右）讓升力係數增加（1.2～1.5），支撐飛機。

此外，在3倍以上動壓的巡航狀態下，配合飛行速度及飛行重量的變化，透過輕微改變飛行姿態來調整升力係數（0.3～0.4），以支撐飛機。

襟翼的作用

$$(升力)＝(升力係數) × (動態壓力) × (機翼面積)$$

$$(動態壓力)＝\frac{1}{2} × (空氣密度) × (飛行速度)^2$$

飛行重量200t，飛行速度慢時
・由於動態壓力小，需要增加升力係數才能保持200t的升力。因此要降低襟翼以增加外傾角（機翼上面的翹曲狀態），讓空氣向後方吹下的角度增加。

升力 200t

空氣流

主翼

空氣從縫隙中流過，延緩機翼上表面流動空氣的分離。

襟翼

飛行重量200t，飛行速度快時
・由於動態壓力大，要維持200t的升力，需要透過改變機翼的攻角來調整升力係數。例如飛機速度愈快，讓攻角愈小，這樣空氣流向後方下吹的角度也會愈小，就能讓升力係數變小。

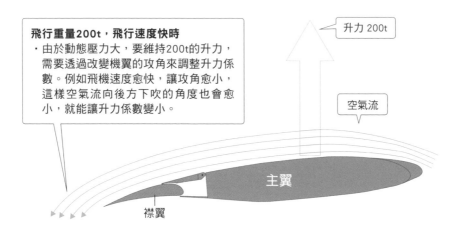

升力 200t

空氣流

主翼

襟翼

▌ Flight Controls……CHECK（飛航控制……確認）

　　確認襟翼在起飛位置後，開始檢查飛航控制系統。首先，將操控輪慢慢向左，盡可能轉動。讓右側副翼和副襟翼最大限度下降，左側副翼和副襟翼上升到最大，並將擾流板升起。然後再用同樣的操作方式向右轉動操控輪進行檢查。接著將操縱桿前後移動檢查升降舵，最後依序踩下左右方向舵踏板，檢查方向舵的運作。

　　襟翼的設定放後面才執行的原因，是因為除非襟翼降低，在翼尖的副翼將無法作用。副翼裝設在機翼厚度較薄的翼尖，在高速飛行中運作時，由於空氣動力作用，翼尖附近會出現扭轉現象。扭轉會導致攻角產生改變，使得副翼的效果下降，並導致副翼與轉彎方向反向傾斜，這個現象又叫做副翼反效（Aileron reversal）。因此在翼尖的副翼只有在襟翼放低、低速飛行的狀態下運作。

　　此外，在轉彎側的主翼上升起擾流板，是因為它具有防止逆偏航（Adverse yaw）現象的作用。降低副翼側的機翼會增加升力，同時，與升力平方成正比的誘發阻力也會增加。不過，擾流板的上升角度並非愈大愈好，必須設定在可以有效轉彎的角度。

操縱輪桿向左時

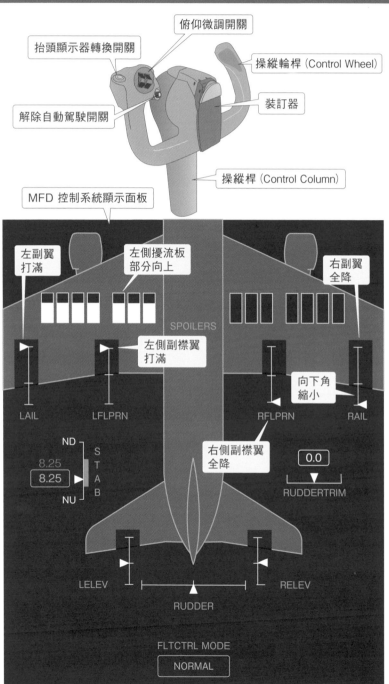

俯仰微調開關

抬頭顯示器轉換開關

操縱輪桿（Control Wheel）

解除自動駕駛開關

裝訂器

操縱桿（Control Column）

MFD 控制系統顯示面板

左副翼打滿

左側擾流板部分向上

右副翼全降

左側副襟翼打滿

向下角縮小

SPOILERS

LAIL　　LFLPRN　　　　　RFLPRN　　RAIL

右側副襟翼全降

0.0

ND

S T A B

8.25

8.25

NU

RUDDERTRIM

LELEV　　　RUDDER　　　RELEV

FLTCTRL MODE

NORMAL

Takeoff（起飛）

▎ STROBE LIGHT⋯⋯ON（白色頻閃燈⋯⋯開啟）

接到ATC指示「RUNWAY 34, LINE UP AND WAIT（進入跑道34號並待機）」後，即打開發出強烈閃光的頻閃燈，進入跑道。進入跑道後，確認飛機磁方位（航向）與指定跑道的磁方位一致。

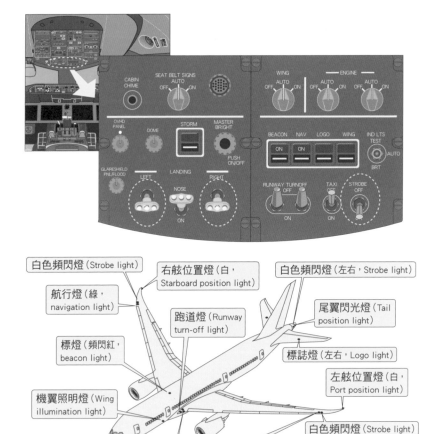

▌ LANDING LIGHT……ON（著陸燈……開啟）

當指示「WIND 330 AT 10, RUNWAY 34, CLEARED FOR TAKEOFF（風向 330，風速 10 節，允許自跑道 34 起飛）」起飛時，無論晝夜，**都要打開著陸燈**。主要目的是減少與鳥類相撞，並讓其他飛機容易識別。

▌ TO/GA switch……Push（起飛／重飛推力裝置……推）

將推力桿推至約 20TPR（參考本書 55 頁）。確認左右引擎狀態穩定，一面操縱油門桿，同時將 **TO/GA 開關**按到**可以操作**的位置，啟動自動油門（自動推力裝置）。

TO/GA 表示起飛／重飛，起飛推力及停止降落回到上升姿態時使用的最大推力，兩者力量大小相同。

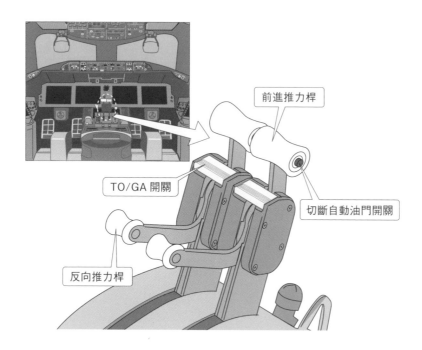

前進推力桿

TO/GA 開關

切斷自動油門開關

反向推力桿

▍80knot……CHECK（80哩……確認）

按下 TO/GA 開關時，油門桿開始自動移動，到達起飛推力時，便停止移動。不過，飛行員必須隨時準備**放棄起飛**（RTO：Rejected Take Off），在到達起飛速度 V_1 前，要將手放在油門桿上。

開始加速後，當空速表到達**80節**（約150km/h），PM 會呼叫「80節」。PF 則回答「CHECK」，並確認起飛推力已經設置，且自動油門處於「HOLD」模式

HOLD 模式是空速達80節時，油門桿自動與自動油門斷開，油門處於空檔狀態。這是因為**即使自動油門系統在起飛過程中出現故障，也不會影響起飛推力**。

此外，有一項規定是在達到安全高度（400ft/1200m）之前，不得改變起飛模式（起飛推力、襟翼起飛位置），因此油門桿在未達高度前不能移動。不過當高度超過400ft以上時，HOLD 模式就會解除，油門桿又再次由自動油門系統控制。

如此，於波音客機而言，即使在自動油門控制引擎的狀態下，還是可以透過移動油門桿，讓飛行員得知引擎儀表及推力的變化。此外，空中巴士客機的裝置雖叫**自動推力**（Auto thrust），但並非自動操縱油門桿，起飛、最大連續推力、上升位置等每個推力的設置都由飛行員手動操縱。

順帶一提，設定起飛推力等的參數 TPR（Turbofan Power Ratio，渦輪風扇功率比）是由氣溫、氣壓及飛行速度決定，不過飛機起降時引擎輸出功率手冊中的描述及起飛和降落時重量等，**這些運作效率上的問題，其設定速度是固定的**。起飛推力約為60節（約110km/h），重飛推力會預設降落進場的速度，約為160節（約300km/h）。不過，如果將推力設置在設定速度以上，引

燃料流向引擎的過程

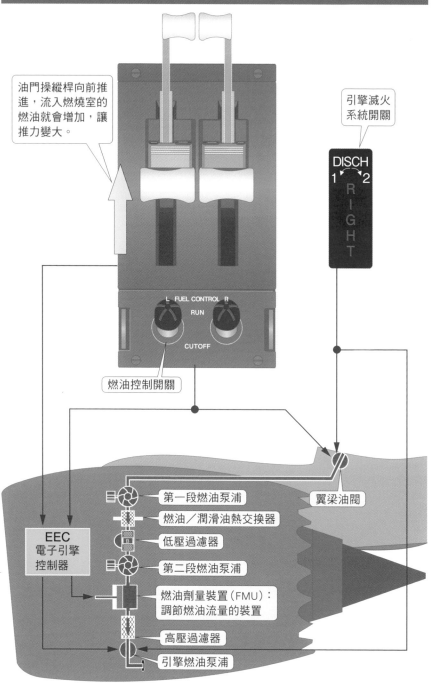

油門操縱桿向前推進，流入燃燒室的燃油就會增加，讓推力變大。

引擎滅火系統開關

DISCH
1 2
RIGHT

燃油控制開關

第一段燃油泵浦

燃油／潤滑油熱交換器

低壓過濾器

第二段燃油泵浦

燃油劑量裝置（FMU）：調節燃油流量的裝置

高壓過濾器

引擎燃油泵浦

翼梁油閥

EEC
電子引擎控制器

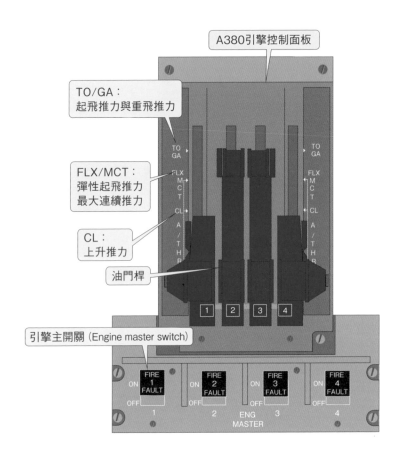

A380引擎控制面板

TO/GA：
起飛推力與重飛推力

FLX/MCT：
彈性起飛推力
最大連續推力

CL：
上升推力

油門桿

引擎主開關（Engine master switch）

擎內部溫度和壓力可能會超過限制，因此當速度超過50節，即使按下TO/GA開關，自動油門也不會運作。

■ Call⋯⋯「V₁」（呼叫⋯⋯「V₁」）

　　當飛行速度超過80節，達到起飛速度 V_1 時，PM或駕駛艙內的自動發聲裝置會呼叫「V_1」。聽到這個訊息，機長就會鬆開放在油門桿上的手。

設定起飛推力

由於高溫高壓氣體產生的熱應力、以及高速旋轉產生的動力應力作用在渦輪上，燃燒的氣體溫度和壓力對維護成本有很大的影響。這些氣體溫度及壓力會因為引擎吸入的空氣溫度、壓力與飛行速度而產生很大變化。下圖為固定飛行速度下，內部溫度、內部壓力及轉速等之間的關係。

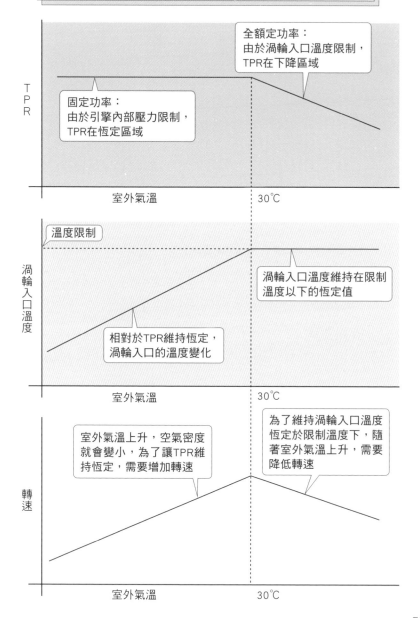

全額定功率：
由於渦輪入口溫度限制，TPR在下降區域

固定功率：
由於引擎內部壓力限制，TPR在恆定區域

TPR

室外氣溫　　　　30℃

溫度限制

渦輪入口溫度

渦輪入口溫度維持在限制溫度以下的恆定值

相對於TPR維持恆定，渦輪入口的溫度變化

室外氣溫　　　　30℃

室外氣溫上升，空氣密度就會變小，為了讓TPR維持恆定，需要增加轉速

為了維持渦輪入口溫度恆定於限制溫度下，隨著室外氣溫上升，需要降低轉速

轉速

室外氣溫　　　　30℃

由於中斷起飛（RTO：Rejected Take Off）會帶來極大風險，中斷起飛的決定及其相關操作由機長執行。因此即使負責飛行的飛行員PF擔任副駕駛並手握操縱桿，在到達V_1之前，機長還是會將手放在油門桿上。

▌ Call……「ROTATE」（呼叫……「仰轉」）

超過V_1並到達起飛速度V_R後，PM會呼叫「仰轉」。而PF則會開始操作抬升，讓飛機爬升（Lift off）。

抬升操作是操作升降舵（Elevator）讓水平安定面產生向下的升力，以主輪為支點抬升機首。在未達自然漂浮的速度下讓機首維持朝上姿勢，增加主翼攻角，目的是產生支撐飛機的升力，縮短起飛所需距離。

▌ Call……「POSITIVE」&「GEAR UP」（呼叫……「到達正爬升」及「收起落架」）

PM確認爬升率指示器後呼叫「到達正爬升」，PF收到後就會指示「收起落架」，將飛機降落裝置收起。

接著確認空速表上顯示速度為V_2以上。V_2是可以應變失速的速度當引擎故障而必須繼續起飛時，其速度必須達到通過距離跑道10.7m（35ft）高時的速度。

此外，「開始加速並在V_R速度下進行抬升，直到爬升為止所需的距離」並非起飛距離。起飛距離是從加速開始到離跑道面達到10.7m高時的水平距離。不過，起飛距離會考量到因抬升的時間點而增加距離、或因引擎故障導致推力減少等情況。

而在實際飛行操作中，雖然已經開始加速，但還是需要考慮加速停止距離，也就是飛機因某種因素需要中斷起飛，並完全停

起飛速度V₁、Vᵣ、V₂

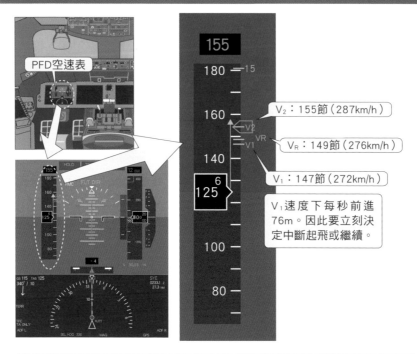

PFD空速表

V₂：155節（287km/h）

Vᵣ：149節（276km/h）

V₁：147節（272km/h）

V₁速度下每秒前進76m。因此要立刻決定中斷起飛或繼續。

· V₁

指在加速停止距離範圍內要讓飛機停止，操縱起飛中的駕駛採取最初必要操作（例如：使用剎車、減少推力、打開減速板）的速度。此外，V₁也指在起飛階段，當關鍵引擎故障後的速度Vᴇꜰ下，駕駛員要繼續起飛，並在起飛距離範圍內，達到距離地面必要高度的起飛最小速度。

· Vᵣ

指仰轉速度。

· V₂

指安全起飛速度。

· Vᴇꜰ

指關鍵引擎在起飛中發生故障的假設速度。

· 關鍵引擎

在任一個飛行狀態下，當一個或以上的引擎發生故障時，會對飛行性能造成最不利影響。

（適航審查程序定義）

止的距離。

這裡需要的是**必要起飛跑道長度**。必要起飛跑道長度是由起飛距離或加速停止距離兩者中，取較長者，如下圖所示，把持續加速距離與加速停止的交會點速度當作 V_1，就可以得知最短距離。

飛機爬升後達到10.7m（35ft）的高度時，不代表起飛完成。須從起飛狀態（放下降落設備與襟翼）改變為巡航狀態（收起降落設備與襟翼），**高度上升到達450m（1500ft）時才算起飛完成。**

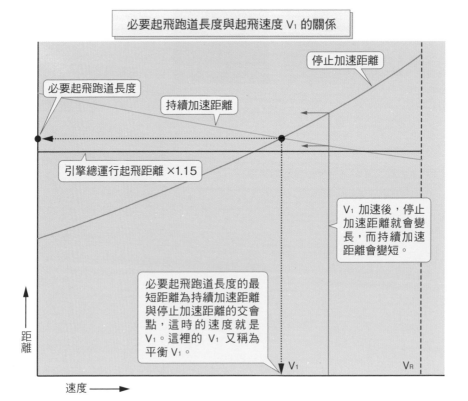

必要起飛跑道長度與起飛速度 V_1 的關係

停止加速距離

必要起飛跑道長度

持續加速距離

引擎總運行起飛距離 ×1.15

V_1 加速後，停止加速距離就會變長，而持續加速距離會變短。

必要起飛跑道長度的最短距離為持續加速距離與停止加速距離的交會點，這時的速度就是 V_1。這裡的 V_1 又稱為平衡 V_1。

距離

速度

V_1

V_R

起飛距離與必要起飛跑道長度

實際起飛所需跑道長度 ≥ 必要起飛跑道長度

起飛距離	必要起飛跑道長度
以下兩者其中一個較長距離 ・引擎總運行起飛距離 ×1.15 ・持續加速距離	以下兩者其中一個較長距離 ・起飛距離 $\left(\begin{array}{l}引擎總運行起飛距離 ×1.15 \\ 持續加速距離\end{array}\right)$ ・停止加速距離

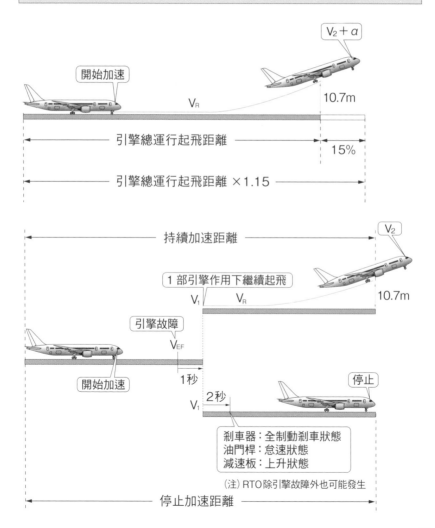

從起飛模式到巡航模式，起飛推力必須在限制時間內（5到10分鐘）切換，但當引擎故障卻必須完成起飛，**有可能是因為能夠起飛，但卻不能降落**。例如天候有濃霧，天氣條件允許起飛，但根據機場降落輔助設備等的條件，有可能無法進行降落。為了要飛到其他機場，飛機必須到達空氣阻力較低的巡航模式。

此外，在正常航行的飛行計畫中，假設引擎故障時不能滿足所需爬升坡度（第2角度範圍較難），那麼起飛重量可能會受到限制（Climb Limit）。

● 隨著時代變更而改變含意的「V_1」

以下回顧V_1的歷史。在飛機配備4個引擎為主流的時代，V_1被稱為「**臨界點速度**」，也就是「假設起飛時引擎突然停止的速

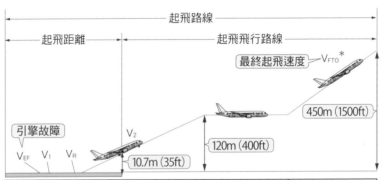

		第1角度範圍	第2角度範圍	第3角度範圍	最終角度範圍
降落設備		放下	收起	收起	收起
襟翼		起飛位置	起飛位置	起飛位置→收起	收起
推力		起飛推力	起飛推力	起飛推力	最大連續推力
需求坡度	雙引擎飛機	正	2.4%	正	1.2%
	3引擎飛機	0.3%	2.7%	正	1.5%
	4引擎飛機	0.5%	3.0%	正	1.7%

* V_{FTO}（Final Take Off Speed，起飛末段爬升速率）：巡航模式下能應對失速的速度

度」。有4部引擎的情況下，即使其中一部引擎故障，推力也僅減少25%，因此對持續加速距離或停止距離並沒有太大影響。引擎總運行起飛距離×1.15即為最長距離，V_1的選擇範圍有限（下圖）。

　　當雙引擎寬體客機開發後，對於推力減少50%的情況，決定V_1速度變得更嚴格，隨著V_{EF}出現，也轉變成「起飛決定速度」。即當引擎故障，時間上能充分到達V_1的速度。更甚者，在1998年後，V_1的正式名稱消失，**變成強調開始操作起飛中斷的最大速度**。

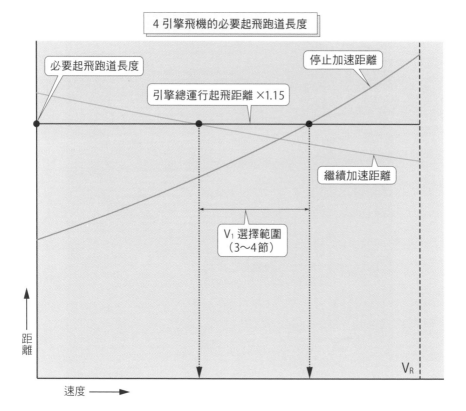

4 引擎飛機的必要起飛跑道長度

必要起飛跑道長度

停止加速距離

引擎總運行起飛距離 ×1.15

繼續加速距離

V_1 選擇範圍
（3～4節）

距離

V_R

速度

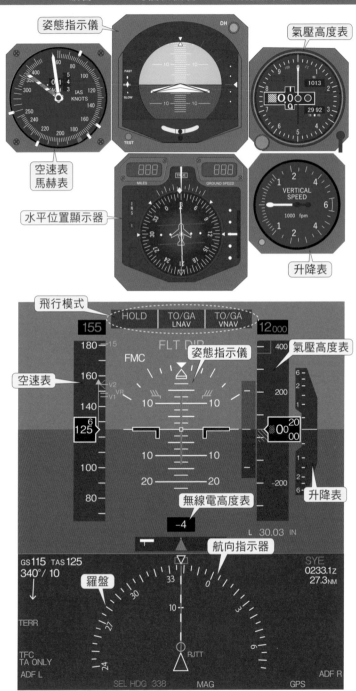

起飛時 PFD 飛行模式顯示

起飛時 PFD（主飛行顯示器）中央頂部的飛行模式顯示
・自動油門模式（推力控制）
・滾轉模式（LNAV：水平導航）
・俯仰模式（VNAV：垂直導航）
各種模式隨著速度及高度做切換。

＊ 導航：2 點間安全、可靠且高效航行的方法、技術

① 按下 TO/GA 開關

THR REF	TO/GA LNAV	TO/GA VNAV
最大推力模式	水平導航 準備模式	垂直導航 準備模式

② 80 節

HOLD	TO/GA LNAV	TO/GA VNAV
自動油門 維持模式	水平導航 準備模式	垂直導航 準備模式

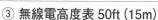

③ 無線電高度表 50ft（15m）

HOLD	LNAV	TO/GA VNAV
自動油門 維持模式	水平導航 連接（Engage）	垂直導航 準備模式

④ 無線電高度表 400ft（1200m）

THR REF	LNAV	VNAV SPD
最大推力模式	水平導航 模式	垂直導航 速度模式 連接（Engage）

call out 呼叫

　　飛行員必須了解飛機在飛航中的姿勢、位置及狀況，機組員之間也必須互相了解。有效的資訊共享方式就是呼叫。呼叫和日本鐵路機構實施的「指差確認呼喚（pointing and calling）」相似，透過呼叫各項儀表的標示值，可以提高理解的正確性。

　　不過，在關鍵的飛行階段（地面滑行、起飛、降落），應該要避免不太重要的多餘呼叫。

　　例如，如果在起飛時遇到一定要中斷起飛的情況，那麼呼叫「停止（Reject）」會比「現在立刻停止起飛」更容易傳達出決定意圖。但是，為了避免使用具有相同含義的「ABROT」等不同的術語進行呼叫，手冊中均明載關鍵時刻應該用的呼叫項目、標準用語等、或應該使用的用語。

　　標準呼叫項目及應用術語如：「80節」「V_1」「ROTATE（仰轉）」等，以及「設定起飛推力（set takeoff thrust）」「設定重飛推力（set go-around thrust）」「降落（landing）」「重飛（go-around）」等，各飛行階段均有許多專用項目。

　　順帶一提，當副駕駛呼叫「引擎故障」時，機長如未做回應，並非在擔心「該繼續起飛還是中斷起飛」，而是表達繼續起飛的指示，這在起飛簡報時是大家共有的共識。

第 4 章

爬升（climb）

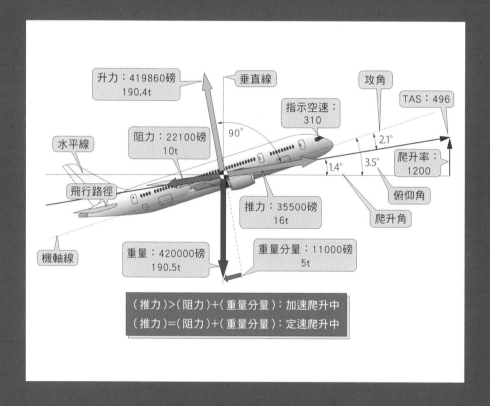

升力：419860磅 190.4t

垂直線

攻角

TAS：496

阻力：22100磅 10t

指示空速： 310

水平線

90°

2.1°

飛行路徑

3.5°

爬升率： 1200

1.4°

機軸線

推力：35500磅 16t

俯仰角

爬升角

重量：420000磅 190.5t

重量分量：11000磅 5t

（推力）＞（阻力）＋（重量分量）：加速爬升中
（推力）＝（阻力）＋（重量分量）：定速爬升中

起飛是手動完成的，但爬升使用的是自動駕駛。目前的自動駕駛功能卓越，為減少飛行員工作量帶來很大影響。本章讓我們來看看何時開始使用自動駕駛。

爬升（climb）

Call……「AFTER TAKEOFF CHECKLIST」（呼叫……「完成起飛後查核表」）

如前一章所述，起飛性能方面所需的必要起飛跑道長度，是正常起飛距離的1.15倍，這個距離是持續加速距離、以及停止加速距離中最長的。因此，當正常航行時，會在跑道上保留充足長度起飛從跑道上空高度10.7m（35ft）經過的時間點則為 $V_2+\alpha$（15～25節）。

順帶一提，當雙引擎飛機要執行延程飛行操作（ETOPS 180）時，條件是在飛行過程中**每10萬小時發生2次以下的空中關車**（IFSD：In Flight Shut Down）。這大約等於30年間發生1次的引擎停機率，也就是說大多數航空公司的飛行員，從進入公司到退休，可能一次也沒經歷過IFSD。因此，每6個月進行一次的技能考試與定期培訓中，透過模擬器模擬發動機故障的經驗相當重要。

當飛機高度到達距離跑道1500ft時，自動油門會自動將起飛推力改為**爬升推力**。這次因為在正常的航行下，即使襟翼處於起飛位置，也能夠執行爬升推力讓飛機爬升。開始收起襟翼的操作高度，是降低噪音的其中一個方法，也就是利用快速爬升，讓高度上升到3000ft時。當襟翼完全升起，就會執行「AFTER TAKEOFF CHECKLIST（完成起飛後查核表）」。

飛機繼續爬升，在通過鳥類不會飛行的10000ft高度時，就會關閉落地燈。然後將繼續以最佳爬升速度向巡航高度爬升。

從起飛到爬升

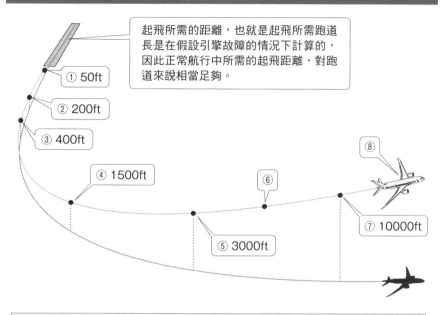

起飛所需的距離，也就是起飛所需跑道長是在假設引擎故障的情況下計算的，因此正常航行中所需的起飛距離，對跑道來說相當足夠。

① 50ft

② 200ft

③ 400ft

④ 1500ft

⑤ 3000ft

⑥

⑦ 10000ft

⑧

---

① 50 ft：LNAV（水平導航）Engage 連接

② 200 ft 以上：自動駕駛 Engage 連接的最低可行高度

③ 400 ft：VNAV（垂直導航）速度模式 Engage 連接

④ 1500 ft：自動油門由起飛推力轉換為爬升推力

⑤ 3000 ft：為了操作襟翼升起而開始加速

⑥ 襟翼升起完成：執行完成起飛後查核表
　　　　　　　　維持 250KIAS*

⑦ 10000 ft：關閉落地燈

⑧ 10000 ft 以上：從 250KIAS 加速至最佳爬升速度爬升

　　　　＊ KIAS（knots indicated air speed，指示空速浬／時）

▌Autopilot……Engage（自動駕駛……接通）

接通自動駕駛（與操縱設備連接）。確認 PFD（Primary Flight Display，主飛行顯示器）上顯示的「FLT DIR」（Flight Director，飛行指引儀）切換到「A/P」。接通自動駕駛的條件，必須是飛機在：

· 配平狀態
· 俯仰和橫滾桿指示的飛行姿態

如果沒有滿足這兩個條件，**飛行的姿勢可能會發生急劇變化**。

所謂的「**配平**」，是指在不需操縱控制的狀態下，俯仰（Pitching）、橫滾（Rolling）、偏擺（Yawing）三者保持穩定的飛行狀態。大略上的意思是「即使手從操縱桿上鬆開，飛行姿勢也能保持原樣的狀態」。

可以接通自動駕駛的最低高度，事先假設接通時的高度損失，並**以該高度的 2 倍為標準**。也就是說，能夠接通的高度 200ft，當中的假定損失高度為 100ft 以下。

順帶一提，為什麼有**自動著陸**（auto landing），卻沒有**自動起飛**（auto takeoff）呢？這是因為著陸時還有一個**儀表降落系統**（ILS：Instrument Landing System）輔助設備。也就是說，要實現自動起飛，不只是飛機端要有設備，還需要有能夠將飛機準確引導到起飛跑道的中心線的儀表起飛系統等地面設備。

以下讓我們研究一下自動駕駛的功能。自動駕駛儀的歷史悠久，1903 年萊特兄弟首飛後 9 年，自動駕駛於 1912 年投入實際使用。由於當時的飛機操控較困難且不穩定，自動駕駛主要作用是

AFDS（autopilot flight director system）自動駕駛儀飛航指引系統

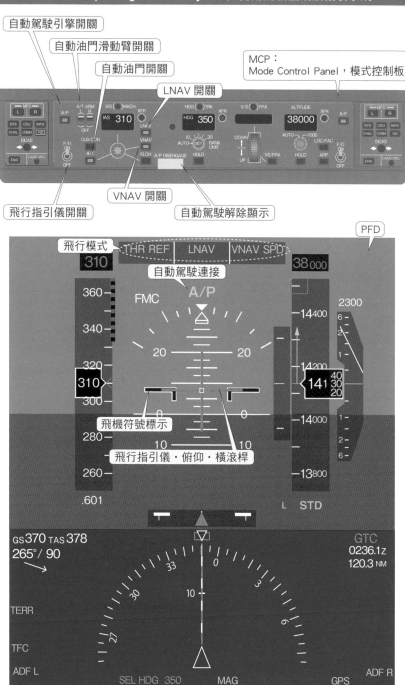

自動駕駛引擎開關

自動油門滑動臂開關

自動油門開關

LNAV 開關

MCP：
Mode Control Panel，模式控制板

飛行指引儀開關

VNAV 開關

自動駕駛解除顯示

PFD

飛行模式　THR REF　LNAV　VNAV SPD

自動駕駛連接

飛機符號標示

飛行指引儀・俯仰・橫滾桿

人為補正飛機的穩定性。此後隨著飛機的發展而進步的自動駕駛系統，逐漸具備穩定、操控、引導三種功能。非以電纜直接連接到操縱桿的模擬飛控，而是採用線控飛行的方式將飛行數據電子化，實現了更精細的飛行控制。此外，隨著IT技術的發展，可以顯示更詳細的資料訊息，有助於大大減輕飛行員的工作量。

讓我們看一下右邊的圖。自動駕駛儀可以透過MCP（Mode Control Panel，模式控制板）或FMS（Flight management system，飛行管理系統）控制。當機場周圍的管制如雷達引導指示改變方向、速度、高度等指令較多時，順序上可以先以MCP的各個旋鈕設定指示速度、方位、高度，而機場周圍以外的爬升、巡航、下降等則可以使用FMS控制自動駕駛系統。

來自自動駕駛系統的訊號會被發送到PFC（Primary flight control，基本飛行控制）。PFC連同飛行速度、襟翼位置及引擎數據等處理、計算出最佳轉向角，將訊號發送至ACE（Actuator control electronics，執行控制電子設備）。ACE將接收到的轉向角信號發送至液壓或電動執行器以操作副翼等動翼（moving surface，動態操控面）。這裡的操控與自動油門相同，即使在自動駕駛的狀態下，操縱桿也可以移動。

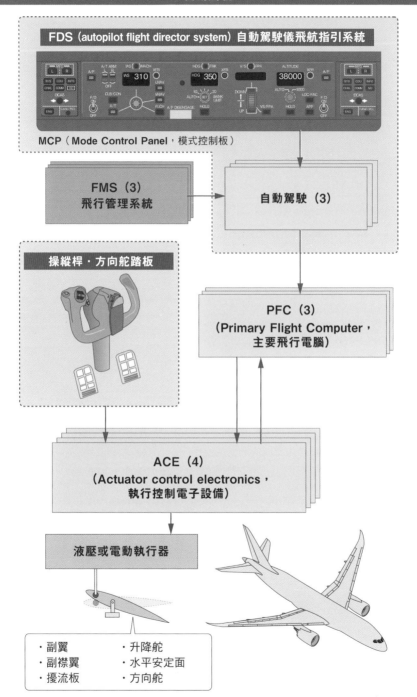

▊ ALTIMETER……「Transition、Set & Crosscheck」（高度表……「轉換、設置與交互檢查」）

爬升時當**轉換空層高度**超過14000ft（各國轉換空層高度不同）時，機長和副駕駛必須互相確認**高度表撥正**（最終設置）已正確執行。

高度表撥正是調整氣壓高度表的原點，有**QNE**（標準大氣壓）、**QNH**（修正海平面氣壓）、**QFE**（場面氣壓）三種Q碼顯示方式。在轉換空層高度以上時，將會從修正平均海平面氣壓的QNH切換到設定標準大氣壓的（QNE）。而在QNE中的飛行高度如31000ft，則會標示為飛行高度層310。順帶一提，日本並未採用QFE。

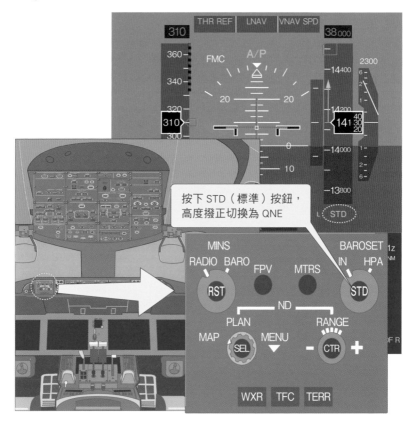

按下 STD（標準）按鈕，高度撥正切換為 QNE

高度表撥正（altimeter setting）

QNE（Nautical Elevation）
設置 29.92in 或 1013.2hPa 以從標準大氣壓表面指示高度的方法

QNH（Nautical Height）
設置氣壓以指示從平均海平面計算高度的方法

QFE（Field Elevation）
設置氣壓以指示距離跑道面高度的方法

31000ft

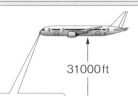

QNE：14000 ft 以上
撥正值 1013.2hPa（29.92inHg）
高度表 31000ft

基於QNE的等壓面稱為飛行高度
層。飛行高度如31000ft，會標
示為飛行高度層310

QNH：未達 14000ft
撥正值 1019.0hPa（30.09inHg）
高度表 3000ft

QFE：依航管單位指示
撥正值 979.7hPa（28.93inHg）
高度表 1914ft

QNH：跑道面上
高度表 1086ft

QFE：跑道面上
高度表 0ft

3000 ft

1914 ft

跑道路面 979.7 hPa

廣島機場

1086 ft
（331 m）

標準大氣壓表面 1013.2 hPa

平均海平面 1019.0 hPa

飛機之所以採用以氣壓為標準的**大氣壓力高度儀**，主要原因是只要一個安裝在儀器內部小型輕便的裝置就可以用來測量大氣壓力。而氣壓與高度的關係可以用簡單的數學公式來表示，因此很容易就能將測得的大氣壓值換算成海拔高度，還能得到高精密度的指示值。

　　ADM（Air data module，大氣數據計算機）是一種透過電子壓力感應器測量空速管或靜壓孔吸入的空氣，並將此數據做電子化處理的設備，目前透過這項設備，不但提高了數據的可靠性，更實現了更準確的高度指示。

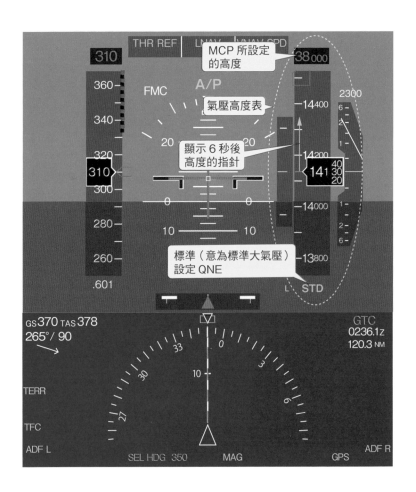

氣壓高度表的原理

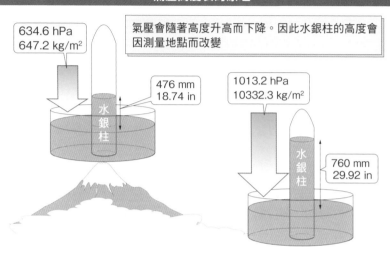

634.6 hPa
647.2 kg/m²

氣壓會隨著高度升高而下降。因此水銀柱的高度會因測量地點而改變

476 mm
18.74 in

水銀柱

1013.2 hPa
10332.3 kg/m²

760 mm
29.92 in

水銀柱

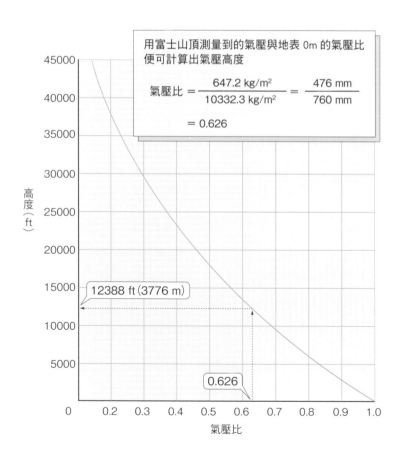

用富士山頂測量到的氣壓與地表 0m 的氣壓比便可計算出氣壓高度

$$氣壓比 = \frac{647.2 \ kg/m^2}{10332.3 \ kg/m^2} = \frac{476 \ mm}{760 \ mm}$$

$$= 0.626$$

高度（ft）

12388 ft（3776 m）

0.626

氣壓比

▌CHECK……Climb Speed（檢查……爬升速度）

確認飛機維持經濟的爬升速度。在駕駛艙內可確認的速度有**指示空速**（IAS：Indicated Air Speed）、**馬赫數**（M：Mach Number）、**真實空速**（TAS：True Air Speed）及**地速**（GS：Ground Speed）。另外，由於字母I和數字1容易混淆，在速度310節的情況下通常會加入單位節的英文Knot的縮寫K，標示為310KIAS。

IAS是以與升力和阻力成正比的動態壓力為基準，因此所謂的「IAS恆定」，指的就是動態壓力恆定持續爬升。不過，隨著飛機爬升高度，空氣的密度會變小，為了要維持動態壓力即IAS，需要增加空速管接收空氣的速度。而這裡的空氣速度就是飛機與空氣的相對速度，即TAS。由此可知，隨著IAS穩定上升，TAS會隨著高度而加快速度。這在空氣力學上，就是加速爬升。

如此，隨著飛機爬升，TAS的速度增加，但音速會因外部空氣溫度降低而變慢。因此以（TAS）／（音速）標示的馬赫數就會變大。當一定高度的時候，通過主翼的空氣會超過馬赫1.0，就會有產生衝擊波的風險。

因此這裡將切換到馬赫數爬升。當馬赫數恆定時爬升，音速會隨著溫度下降變慢，因此TAS也會變慢。這樣會變成減速爬升，因此爬升率會增加。當超過對流層及平流層的**分界線**（tropopause，對流層頂）時，外界氣溫會變恆定，音速也會固定，此時馬赫數恆定的情況下，TAS也會以恆定的速度上升。

在此讓我們研究一下上升時的上升率、下降時的下降率、以及降落時的沉降率三種速度、以及**垂直速度**（VS：Vertical Speed）。

94

爬升方式（250KIAS/310 KIAS/.850M）

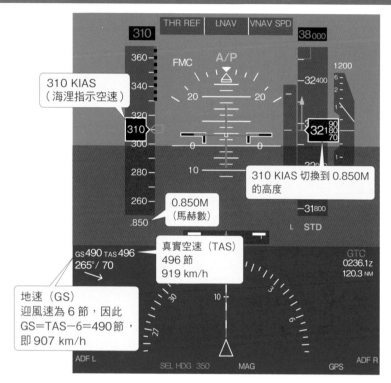

- 310 KIAS（海浬指示空速）
- 0.850M（馬赫數）
- 310 KIAS 切換到 0.850M 的高度
- 真實空速（TAS）496 節 919 km/h
- 地速（GS）迎風速為 6 節，因此 GS＝TAS－6＝490 節，即 907 km/h

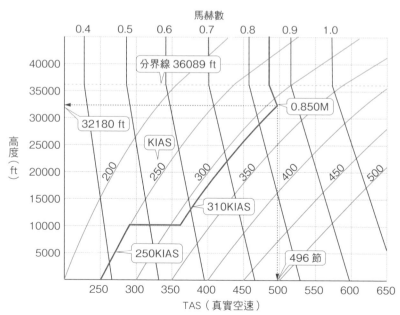

如右圖所示，相對於俯仰角3.5°（機首上下的姿態），飛行路徑（飛機飛行的路線）的角度，即上升角為1.4°。這是因為為了擁有支撐飛機的升力，機翼需要一個攻角。俯仰角及上升角的差，也就是軸心、即主翼與空氣前進的飛行路徑之差為2.1°，這就是攻角。

　　如右圖，阻礙飛機上升的阻力，是空氣阻力以及飛機傾斜產生的飛行重量分力，兩者之和。當加速度爬升時，上升推力會大於總阻力（右圖為大1t），當與上升推力平衡時，即為定速爬升。

● 最佳爬升率速度及最佳爬升角速度

　　順帶一提，在「VNAV SPD」垂直模式下，透過維持最大上升推力並調整俯仰角，讓指示空速恆定並爬升。因此這時的爬升率及爬升角僅為其結果值。爬升率和爬升角受飛行速度影響，因此爬升率最大時的速度就稱為最佳爬升率速度，而爬升角最大時的速度就稱為最佳爬升角速度。當飛行時想縮短到達巡航高度的時間縮短時可選擇最佳爬升率速度，當想要避開障礙物和積雨雲而需要在最小距離內到達最大高度時，就可以選擇用最佳爬升角速度。

　　爬升率及爬升角會隨著爬升推力減小而變小。爬升率300ft/min的高度稱為運用爬升極限，這也是客機可以巡航的最大高度。

▋ Call……「1000（FEET）TO LEVEL OFF」（呼叫……「保持1000英呎高度平飛」）

　　巡航高度達1000ft時，就會呼叫「保持1000英呎高度平飛」。

爬升角與爬升率

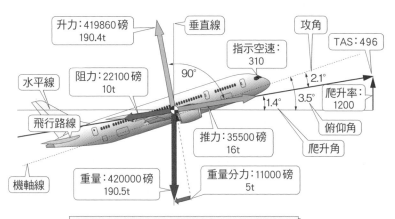

（推力）＞（阻力）＋（重量分力）：加速爬升中
（推力）＝（阻力）＋（重量分力）：定速爬升中

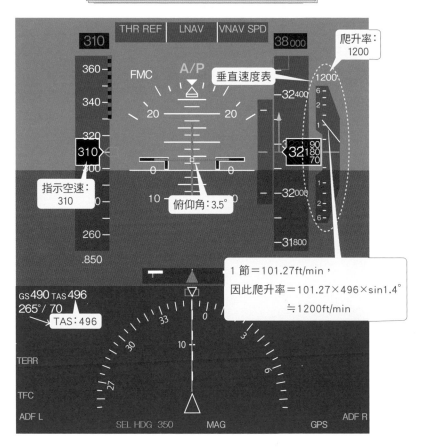

1 節＝101.27ft/min，
因此爬升率＝101.27×496×sin1.4°
≒1200ft/min

將1000發音讀做「TOU-SAND」（註：原本thousand在日文的讀音為SAU-SAND），是日本航管人員為了執行業務所設的標準，航空飛行須以「管制方式標準」所訂定的數字等相關讀音為主。例如9000需讀為「NIN-er TOU-SAND」。提到數字，在飛機操作手冊中描述的高度等數值，例如「9000」是不需要插入千位逗號的，這是因為怕誤認為小數點。

　　巡航高度又稱為最佳高度，即油耗最小的高度。原因是到達目的地消耗的燃料愈少，可以增加的有效載荷量（付費重量）就愈多。

　　當然，巡航高度的選擇不僅考慮經濟性，同時也考慮了安全性。安全性的意思是穩定飛行、不會造成失速。失速的前兆是會產生一種抖震現象，即從機翼飛離出來的空氣與水平尾翼等機體後部碰撞產生不明震動。最重要的是要選擇一個不會因陣風導致機體負載增加、不會發生抖震的安全高度。

　　如右圖所示，最佳高度線在1.3G以下，所以如果選定最佳高度，一定要能充分滿足1.3G。此外，如果飛行路線上的空域搖擺強烈，可以選擇滿足1.5G的高度。有關這些細節，將在進到巡航相關章節時再詳細說明。

最佳高度

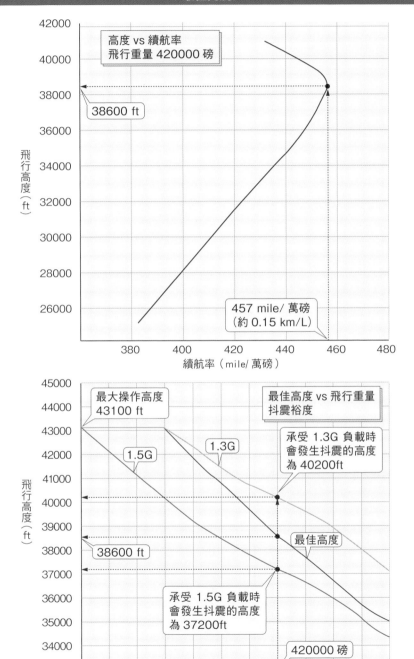

高度 vs 續航率
飛行重量 420000 磅

38600 ft

457 mile/ 萬磅
（約 0.15 km/L）

續航率（mile/ 萬磅）

飛行高度（ft）

最大操作高度
43100 ft

最佳高度 vs 飛行重量
抖震裕度

1.5G

1.3G

承受 1.3G 負載時
會發生抖震的高度
為 40200ft

最佳高度

38600 ft

承受 1.5G 負載時
會發生抖震的高度
為 37200ft

420000 磅

飛行重量（X 千磅）

飛行高度（ft）

駕駛員與自動駕駛

　　過去，日本國內航班的主要噴射客機是波音727，每6個月進行在模擬器中的技能考試，不使用自動駕駛是很常見的。在2個小時的審查中，駕駛員的手不能離開控制桿，需處理緊急狀況。

　　實際上，在操作手冊中明確指出，在突然減壓的緊急下降中不會使用自動駕駛。此外，在正常飛行時，自動駕駛的連接順序是在襟翼完全收起並完成起飛後。它的設計不是用於配合襟翼使用時間表的速度控制。

　　現在隨著線傳飛控等電子技術發展，透過自動駕駛進行高準確度飛行控制已能實現，因此可以直接在起飛後就連接自動駕駛。隨著有效利用所有資源、提高駕駛艙內的團隊功能、以及以安全高效飛行為目標的CRM軟體（Crew Resource Management 機員資源管理）的開發，目前積極使用自動駕駛已成為趨勢。

　　波音777及空中巴士A330以後的飛機，即使在緊急情況下，也會建議使用自動駕駛。在操作手冊上也清楚說明，在緊急下降期間也建議使用自動駕駛系統。這是因為自動駕駛系統可以處理在緊急下降期間，不超過操縱限制速度的飛行控制。最重要的是，透過有效利用這些改進的功能，能夠減少駕駛員的工作量，讓駕駛員多了充足的時間處理自動駕駛無法完成的綜合性決策判斷。

第 5 章

巡航（cruise）

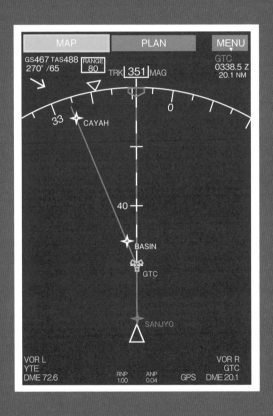

當飛機到達巡航高度時，駕駛艙內就會釋出「鬆一口氣」的氛圍。不過還有許多操作和任務，例如系統操控檢查、位置報告、分段爬升高度及時間確認、燃油管理等。以下讓我們探討實際到底進行了那些細節。

巡航（cruise）

▌FLIGHT MODE……Check（飛行模式……確認）

當飛機達到巡航高度時，垂直導航從維持爬升速度功能的
「VNAV SPD」模式變成維持高度功能的「VNAV PTH（Path）」模
式。由於飛行速度是由引擎推力而非飛行姿態控制，自動油門從
維持上升推力功能的「THR REF」切換到維持速度（馬赫）功能
的「SPD」模式。水平導航從起飛後50ft起持續保持在「LNAV」
模式。

右圖的LNAV中，ND（navigation display，導航顯示器）顯
示，飛機受到65節西風，迎風側偏流角（DA：Drift Angle）10°，
在351°航跡上自動引導。

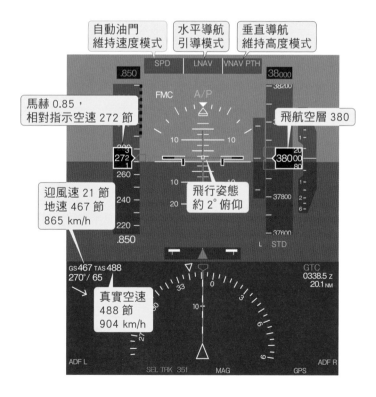

自動油門　　　　水平導航　　　垂直導航
維持速度模式　　引導模式　　　維持高度模式

馬赫 0.85，
相對指示空速 272 節

飛航空層 380

迎風速 21 節
地速 467 節
865 km/h

飛行姿態
約 2° 俯仰

真實空速
488 節
904 km/h

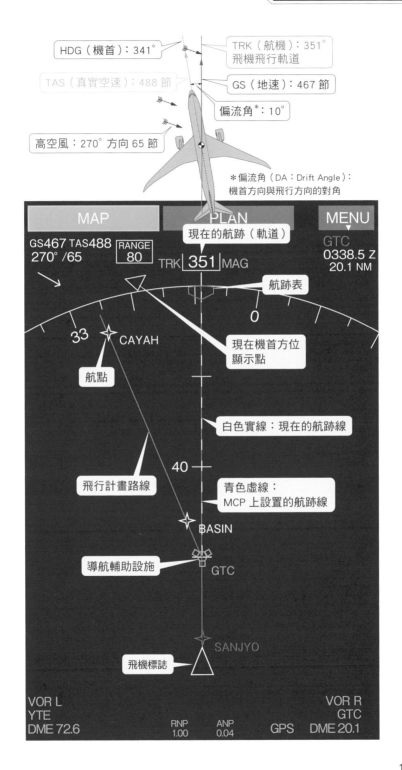

HDG（機首）：341°

TRK（航機）：351°
飛機飛行軌道

TAS（真實空速）：488 節

GS（地速）：467 節

偏流角＊：10°

高空風：270° 方向 65 節

＊偏流角（DA：Drift Angle）：
機首方向與飛行方向的對角

MAP

PLAN

MENU

現在的航跡（軌道）

GS467 TAS488
270°/65

RANGE
80

TRK 351 MAG

GTC
0338.5 Z
20.1 NM

航跡表

33

CAYAH

0

現在機首方位
顯示點

航點

白色實線：現在的航跡線

飛行計畫路線

40

青色虛線：
MCP 上設置的航跡線

BASIN

導航輔助設施

GTC

SANJYO

飛機標誌

VOR L
YTE
DME 72.6

RNP
1.00

ANP
0.04

VOR R
GTC

GPS　DME 20.1

▌後緣可變外傾角裝置（TEVC：Trailing Edge Variable Camber）

　　TEVC是一種透過根據飛行重量及大氣變化等飛行條件，稍稍操縱後援襟翼來優化升力分布，以圖減少阻力的裝置。為了了解為什麼要稍稍操縱襟翼，首先要先確認何為阻力。阻力又可大致分為有害阻力及誘發阻力。

　　有害阻力不僅作用在空中飛行的飛機，地面上移動的物體如汽車等也同樣有。這個阻力是由空氣動能所產生的壓力，即動態壓力為成因，與飛行速度的平方成正比，因此當飛行速度愈快，阻力愈大，整體數據關係圖呈現一條拋物線形狀。

　　誘發阻力是一種神奇的阻力，它是由於從翼尖流出的渦流發生作用而產生，飛行速度愈快，誘發阻力就愈小。這是因為誘發阻力與升力係數的平方成正比。隨著飛行速度加快，動態壓力會變大，與動態壓力成正比的升力就會增加。因此需要讓機翼攻角變小，使升力作用在飛機體上的重力相同。換言之，飛行速度愈快，機首向下的姿態就必須愈低，以讓升力係數愈小。由於升力係數會隨著飛行速度加快而變小，誘發阻力也會因此變小。

　　作用在飛機上的阻力就是有害阻力與誘發阻力的總和，如右圖所示呈現出一個「U」字。圖中顯示，巡航狀態下的誘發阻力占全阻力的45%。而要減少誘發阻力，靠的是在機翼尖端以直角角度裝設的小翼，又稱翼尖小翼（Wind let）。不過，波音787翼尖構造有後退角，可以在比翼尖小翼更小的面積及結構重量下達到同等或更好的減少阻力效果。

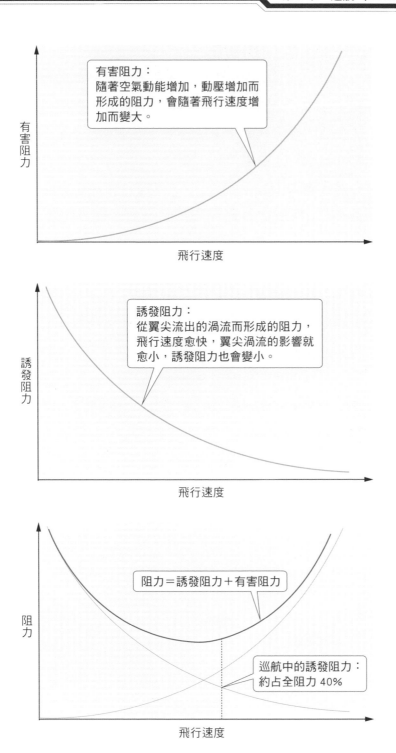

● 利用TEVC獲得最佳升組比

升力和阻力的名稱雖然不同，但同樣屬於空氣力學。為了得知兩者自空氣中承受的力量比，而有了升阻比這個詞，即為升力與阻力的比值。升阻比愈小，代表推力愈小，也就是飛機可以用較少的燃油量飛行。不過，為了要增加升力而改變飛行姿勢，相對的阻力也會變大。

因此TEVC採用後緣襟翼來控制升力，在不改變飛行姿勢下，透過稍微改變彎度，將阻力增加控制在最小範圍，獲得最佳的升阻比。

右圖為在飛行重量190.5t、巡航高度38000ft、馬赫數0.85的條件下，利用TEVC設定能獲得最大升阻比的襟翼角度，以此方法得到的升阻比為20.8。

此外如圖示可知，有一個速度是阻力最小的、也就是升阻比最大的速度。但是這個速度僅僅是推力最小的速度，並非續航率（每單位燃料的飛行距離）最大的速度。其原因將在下一節討論。

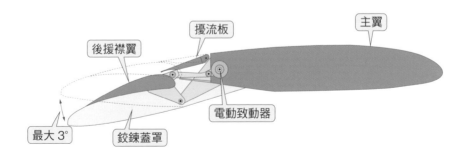

TEVC（Traling Edge Variable Camber）
一種根據飛行重量和大氣變化等飛行條件，輕微啟動後緣襟翼來優化升力分布並減少誘發阻力的裝置。

後援襟翼　擾流板　主翼

電動致動器

最大 3°　鉸鍊蓋罩

升力與阻力的關聯

飛行重量 420000 磅
飛行高度 38000ft
飛行馬赫數 0.85

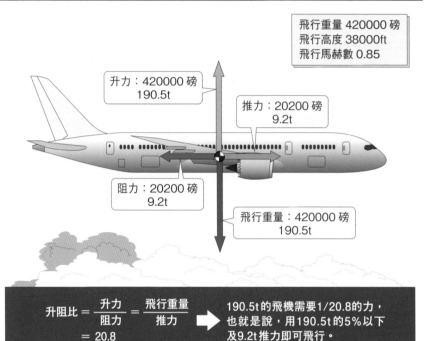

升力：420000 磅
190.5t

推力：20200 磅
9.2t

阻力：20200 磅
9.2t

飛行重量：420000 磅
190.5t

$$升阻比 = \frac{升力}{阻力} = \frac{飛行重量}{推力} = 20.8$$

190.5t 的飛機需要1/20.8的力，
也就是說，用190.5t 的5%以下
及9.2t 推力即可飛行。

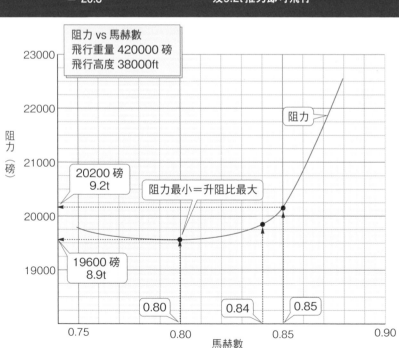

阻力 vs 馬赫數
飛行重量 420000 磅
飛行高度 38000ft

阻力

20200 磅
9.2t

阻力最小＝升阻比最大

19600 磅
8.9t

0.80　0.84　0.85

阻力（磅）

馬赫數

▌巡航方式

　　讓我們看一下右邊續航率公式及圖表，研究為什麼在升阻比最大的馬赫數時，續航率「沒有達到」最大值。

　　公式的分子是隨著真實空速變化的升阻比，具有**飛機的氣動力特性**，而分母為具**有引擎發動機功能特性**的燃油流量。由此可知要讓續航率達到最大，最好選擇能讓氣動力特性及引擎性能特性結合下達到最佳化的速度。而所謂引擎性能特性，就是**推力燃料消耗比**（TSFC：Thrust Specific Fuel Consumption），TSFC的計算公式為：

$$（TSFC）= \frac{（燃油流量）}{（推力）}$$

TSFC愈小，引擎的性能就愈好，愈能用少量的燃油發揮很大的推力。

　　順帶一提，實際操作時，飛行使用的是**馬赫表**而非真實空速表。**馬赫數**為飛行速度下的真實空速與音速之比，因此將真實空速換成馬赫數完全不會有問題。繼而參考右圖所示升阻比與馬赫數的關係，最大馬赫數在升阻比與速度加權的（馬赫數）×（升阻比）之間存在差異。

　　我們來計算看看升阻比最大的**馬赫0.80**的續航率。飛行高度38000ft的音速為574節，所以馬赫0.80的相對真實空速即為0.80×574 ＝ 459節。而燃油量方面為TSFC×推力，因此是0.520×19600 ≒ 10200磅／時間（每個引擎5100磅／時間），是3個例子當中最少的。然而由於其真實空速較慢，以續航率而言反而是最小，為0.0450英里／磅（0.148km/L）。不過如果不論飛行距離，在獲得飛行時間方面這就是一種有效的速度。

$$（續航率）= \frac{（飛行距離）}{（消耗燃料）} = \frac{（真實空速）}{（燃油流量）}$$

・以升阻比最大的0.8馬赫巡航

真實空速 0.80×574＝459 節，燃油流量 10200 磅／時間，因此

$$續航率 = \frac{459}{10200} = 0.0450（英里／磅）\qquad 0.148\ km/L$$

・以0.85馬赫巡航

真實空速 0.85×574＝488 節，燃油流量 10770 磅／時間，因此

$$續航率 = \frac{488}{10770} = 0.0453（英里／磅）\qquad 0.149\ km/L$$

・以（馬赫數）×（升阻比）得到的最大馬赫 0.84 巡航

真實空速 0.84×574＝482 節，燃油流量 10520 磅／時間，因此

$$續航率 = \frac{482}{10520} = 0.0458（英里／磅）\qquad 0.150\ km/L$$

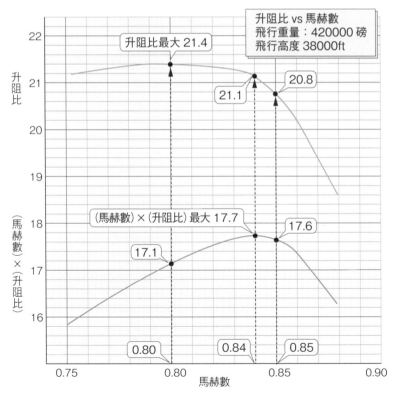

＊ 38000ft 下的音速：574 節

接下來，在 0.85 馬赫時，推力加大為 20200，TSFC 增為 0.533，因此燃油量增加為 20200×0.533 ≒ 10770（每個引擎 5385 磅／時間），由於此時的真實空速較快，續航率增加為 0.0453（約 0.149km/L），升阻比比最大馬赫數 0.79 時的續航率 0.0449 還大。

馬赫 0.84 時，（馬赫數）×（升阻比）為最大值，因此 TSFC 也比馬赫 0.85 時還小，為 0.529。而此時推力為 19890，燃油量就是 19890×0.529 ≒ 10520，續航率則為 0.0458（約 0.150km/L），為 3 例中最大。

由以上可知，在升阻比中，加權速度的（馬赫數）×（升阻比）為最大值，而選擇讓 TSFC 變小的馬赫數，可以獲得最大續航率。

如此，以最大續航率的馬赫數巡航就稱為最大航程巡航（MRC：Maximum Range Cruise）。由於 MRC 是比較慢的速度，所以優先增加飛行速度、以能夠獲得 MRC 的 99% 巡航率的馬赫數巡航，這個方式就稱為遠程巡航（LRC：Long Range Cruise）。

目前主流的巡航方式為經濟巡航（ECON：Economy Cruise），巡航速度不僅考慮到燃油成本，還有人事費用、維修費、保險費等隨著時間變化的成本。

前 1 代的飛機如波音 747 或 777，0.85 馬赫屬於高速巡航（HSC：High Speed Cruise）範圍，而波音 787 的 LRC 最大特色就是速度上與高速巡航相當。之所以能兼顧高速飛行和續航率，是因為 TEVC 改善了空氣動力性能，且引擎壓縮空氣不必用於機內空調，大大提高了引擎的性能。

巡航方式

- **最小阻力速度（V$_{L/D}$）**

  升阻比最大＝阻力最小的速度下燃油流量最少，因此屬於在空中待機、或想延長飛行時間下的標準速度。

- **最大航程巡航（MRC：Maximum Range Cruise）**

  續航率最大的速度下巡航。

- **遠程巡航（LRC：Long Range Cruise）**

  以能夠獲得MRC的99%續航率的速度下巡航。

- **高速巡航（HSC：High Speed Cruise）**

  以縮短飛行時間為目標，用較快的馬赫數巡航。

- **經濟巡航模式（ECON：Economy Cruise）**

  續航率在不僅考量燃油成本、同時考量時間成本（人事費用、維修費、保險費等，隨著時間不同而增減的費用）的速度下巡航。

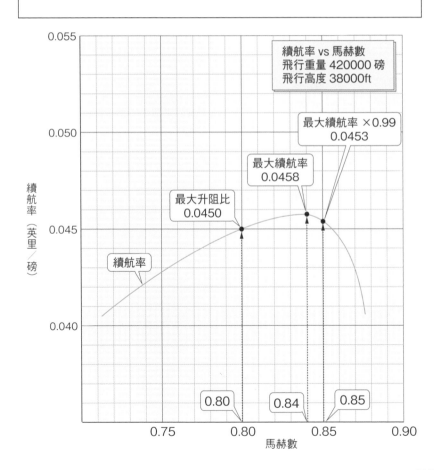

分段爬升巡航

如國際線等長途航行的形況下，到達目的地前，飛機不會一直維持相同的高度。原因如本書第99頁（第4章的「最佳高度」）提到的，隨著消耗燃油，飛行重量會減輕，因此飛行的**最佳高度**會提高。最理想的情況是隨著最佳高度一邊爬升一邊巡航，但這在目前的航空交通管制上尚無法實現。2003年退役的超音速客機協和號，其巡航高度為50000ft以上，是一般客機無法飛行的高度，因此曾經實施過爬升巡航。

在43000ft以下較擁擠的巡航高度，只能採分段式隨著最佳高度提高飛行高度，稱為**階段爬升巡航模式**（下圖）。不過，為了改變巡航高度，必須滿足以下條件如「所需推力小於最大巡航推力」「能夠獲得實用的爬升率」「能夠從容應對抖震」「續航率能提高」「預期不會有強烈震動」等。

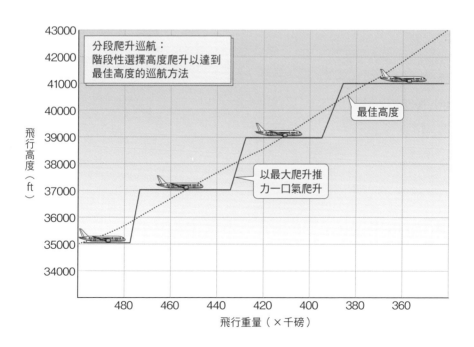

　　以下讓我們參考下圖顯示的飛行重量與續航率之間的關係，研究階段式爬升的時間點。例如，如果以460000磅的重量在高度37000ft下巡航，此時飛行重量的續航率為0.042英里／磅。經過約2個小時的飛行，飛機重量隨著燃油消耗變成435000磅，續航率就增加約為0.044英里／磅。

　　但是如圖所示，**維持在37000ft的續航率反而比飛到39000ft時的續航率要小**。因此當飛行重量達到435000磅時，可以獲得與飛在39000ft相同的續航率，可以得知在此時分段爬升較佳。此外，由本書第99頁的圖表中也可以確信此時飛機對於抖震能夠從容應對。

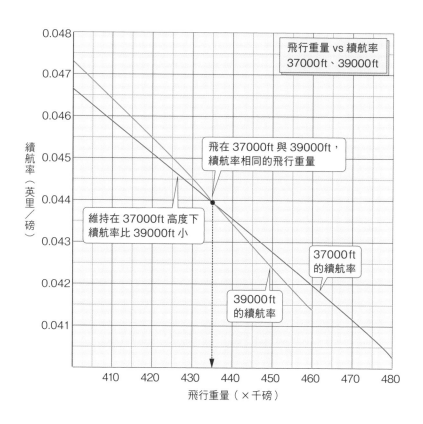

▌分段爬升的時間點

目前為止研究的續航率是真實空速與燃油流量的比值，並非每單位燃油在地上的移動距離。地上移動距離為基準的實際續航率，需要用地速燃油流量的比值來看。實際續航率的公式如右圖，為**地速與真實空速的比值乘上續航率**。從這個公式中可以得知，當飛行中的真實空速為488節，承受100節逆風下的實際續航率為

$$\frac{488 - 100}{488} = 0.79$$

數值小於80%。

此外，真實空速下在空氣中移動的距離稱為**空里**，而地速下在地上移動的距離稱為**地面英里**。在此例中1小時後的空里為488英里（904km），但實際上在地面移動的地面英里為388英里（719km）。

因此在選擇巡航高度時需要考慮**高空風**。右圖是**根據不同高度下的不同風速來選擇巡航高度的範例**。飛行重量460000磅的最佳高度37000ft仍會受到100節的逆風，續航率就會小於80%。此外，35000ft為強風帶的中心高度，公告會有強烈震動，也是續航率最差的高度。因此，目前飛機通常在能夠得到最佳續航率的33000ft處巡航。而**當37000ft高度處的逆風在67節以下時，就是可以開始分段爬升的最佳時間**。

實際航行時，FMS（飛航管理系統）會顯示可以分段爬升的時間及開始爬升起點。

由（續航率）＝$\dfrac{（真實空速）}{（燃油流量）}$及（實際續航率）＝$\dfrac{（地速）}{（燃油流量）}$兩個式子中可知，

（實際續航率）＝$\dfrac{（地速）}{（真實空速）}$×（續航率），

而

（地速）＝（真實空速）±（逆風量），因此

$$（實際續航率）＝\dfrac{（真實空速）±（逆風量）}{（真實空速）}×（續航率）\quad\left(\begin{array}{l}＋：順風\\－：逆風\end{array}\right)$$

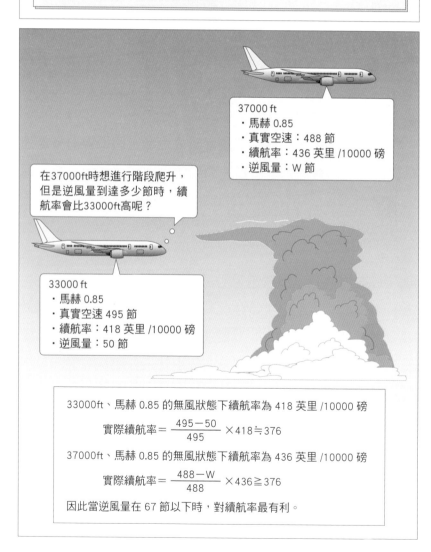

33000ft、馬赫 0.85 的無風狀態下續航率為 418 英里 /10000 磅

$$實際續航率＝\dfrac{495－50}{495}×418≒376$$

37000ft、馬赫 0.85 的無風狀態下續航率為 436 英里 /10000 磅

$$實際續航率＝\dfrac{488－W}{488}×436≧376$$

因此當逆風量在 67 節以下時，對續航率最有利。

經濟巡航（ECON：Economy Cruise）

　　續航率不只是燃油成本，如果將航行實際會發生的人事費用、機場停靠費用等時間成本和固定成本之總和圖表化，如下圖所示，就可以找到成本最小的飛行速度。最小成本下的速度巡航，就稱為經濟巡航（ECON：Economy Cruise）。

　　時間成本＝費用／時間，燃油成本＝費用／重量，因此成本指數CI的單位是重量／時間。如果重視燃油，CI指數就會較小，重視時間則CI指數會變大，例如當CI＝200，意為每分鐘的飛行相當於要花掉200磅重的燃料成本。當CI＝0就是只考慮燃油成本的MRC（最大航程巡航），而當CI＝999即為設定時間成本最少，速度比最大限制空速（Vmo）稍慢。

　　但是如右圖所示，**續航率最大時的速度會因風量而有差異，**因此與無風時的經濟速度相比，順風時的速度比較慢，而逆風時速度較快。

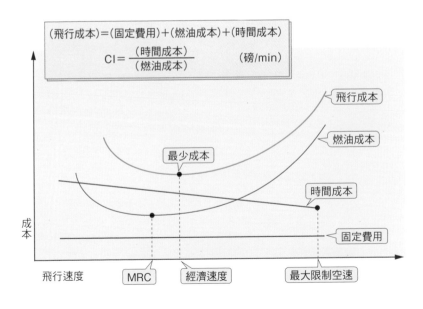

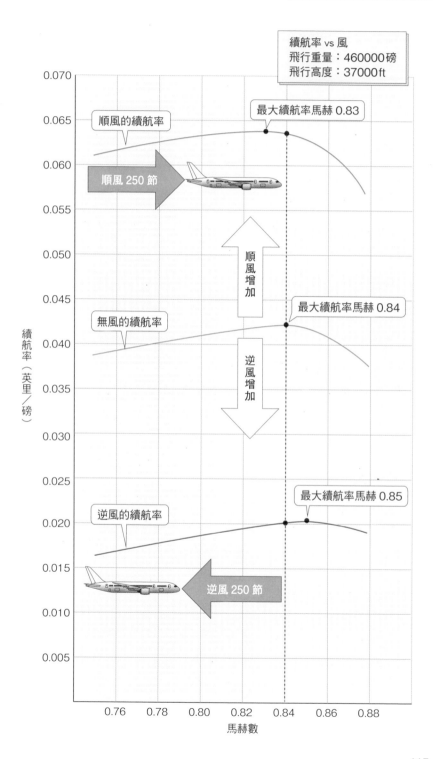

▌抖震裕度（buffet margin）

抖震是一種從主翼分離出來、具有強烈動能的空氣流在機體後部產生劇烈震動的現象，如右圖所示，又分為低速抖震及高速抖震。

兩種抖震都是發生失速的前兆，但是兩者的恢復操作不同。當發生低速抖震時，為了要縮小過大的攻角，需要讓飛機機首向下並加速。相反地，當發生高速抖震，為了避免衝擊波，飛機一定要減速。不過如果將機首抬高減速，反而會讓攻角變大，造成通過機翼上方的氣流加速而助長衝擊波發生，恐怕會讓抖震更劇烈。因此需要一邊使用減速板，利用減少推力來減速。此外，下降飛行高度是最有效的恢復操作。

從以上可知，抖震是由飛機的姿勢，也就是升力係數及飛行速度決定。不過，發生抖震時的升力係數與飛行速度之間的關聯很難從理論上預測，這是透過試飛演算出抖震發生時的升力係數與馬赫數之間的關聯。兩者的關聯如右圖，可以用一條簡單的曲線表示。此外，棺材角（Coffin corner，又稱Q角落，Q-corner）意指兩種抖震同時發生，導致無法維持飛行的可怕角落。

由圖中可知，例如當以0.85馬赫飛行時，當飛行姿勢為升力係數0.74以上，將發生高速抖震，而以0.76馬赫飛行時，當飛行姿勢為升力係數0.88以上，就會發生低速抖震。

以下來研究實際上在哪一種情況下，升力係數會達到抖震邊界。

120頁圖表顯示，當重量460000磅在超過最佳高度的39000ft處飛行時，馬赫數與升力係數的變化。

由表顯示平飛升力係數變化的綠線沒有觸及邊界，任何馬赫數都不會發生抖震。

・低速抖震
低速飛行下為了獲得支撐飛機的升力，將機首姿勢過度抬升造成，
是一種從主翼分離的空氣形成強烈渦流讓機體後部發生震動的現象。
・高速抖震
主翼產生的衝擊波因前後壓力差，導致從主翼分離出的空氣形成強
烈渦流，讓機體後部發生震動的現象。

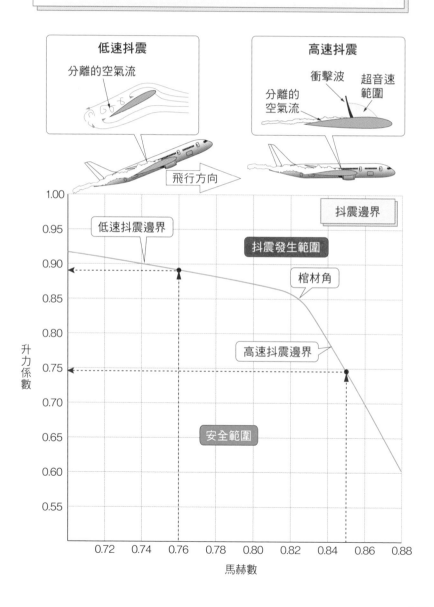

不過要考慮的不僅是平飛狀態，還有發生**陣風負載**的狀態。陣風負載是指當從垂直方向受到陣風，主翼的攻角在飛行員的操控之外忽然變大，升力因此增加而造成的負載。這項負載的倍數大小，根據過去的統計，預設為 1.3G 和 1.5G。例如當受到 1.3G 的負載時，升力係數就會變成需要支撐 460000×1.3 ＝ 598000 磅。因此當巡航於高度 39000ft 時被捲入亂流中，受到 1.3G 附載作用下，**可能會在 0.852 馬赫時發生抖震**。

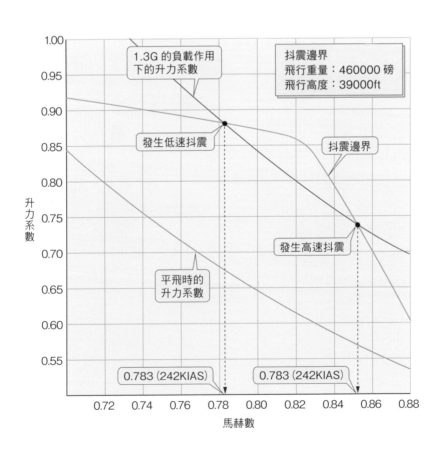

　　此外，也要考慮旋轉過程中作用的運動荷載。在正常旋轉的
30°傾斜角下會發生1.15G的荷載作用。因此需要確認
460000×1.15＝529000磅的飛行重量下的**抖震裕度**。下圖顯示飛
行重量與發生抖震的馬赫數的關係。從這張圖中可知，雖然在最
佳高度37000ft下不會發生1.5G的抖震，但當1.3G荷載同時旋轉
時就充分滿足了抖震的條件。此外，以馬赫0.85（253 KIAS）在
高度41000ft處飛行時，即使在正常轉彎下也只會增加馬赫
0.006、指示空速2節的速度，不會發生抖震。

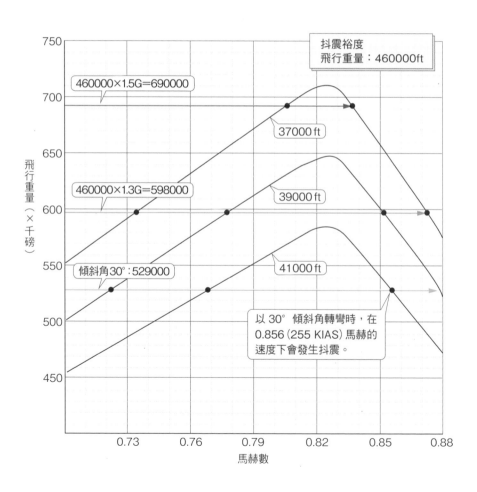

■ 等時點（ETP：Equal Time Point）

在緊急情況發生時，為了要判斷到底該繼續飛往目的地、還是到其他機場緊急降落，因而有了 **ETP**。ETP 如下圖所示，就是在航線上無論飛向哪裡，飛行時間都相同，及消耗的燃油量相等的一個點。

此外，下圖例是從出發地到目的地航線中的ETP，但是在使用於雙引擎飛機的延程飛行（ETPOS 180）運航時，由於從ETP到緊急降落地會超過180分，因此需要設定在時間限制內可以緊急降落的機場。這個例子如右圖。如圖所示，**雙引擎飛機距離限時60分鐘內可以降落的機場 EEP 到 EXP 之間為 ETPOS180 適用運航時，就需要設定2個ETP，從東京到中繼點之間的中點設為 ETP1，而中繼點到檀香山之間的中點設為 EPT2**，並以此決定要緊急降落在哪個機場。

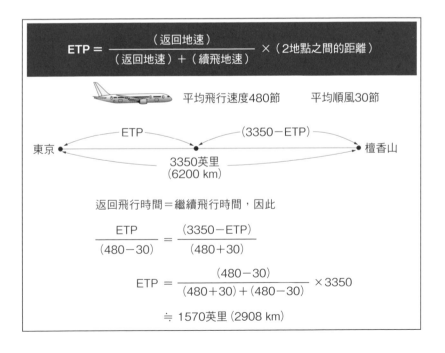

EEP：ETPOS Entry Point 入口點
　　　適用ETPOS、超過60分限制的起始入口點

EXP：ETPOS Exit Point 出口點
　　　適用ETPOS、60分鐘內可降落的終止出口點

ETP：Equal Time Point 等時點
　　　航線上往A機場與B機場的飛行時間相等的地點

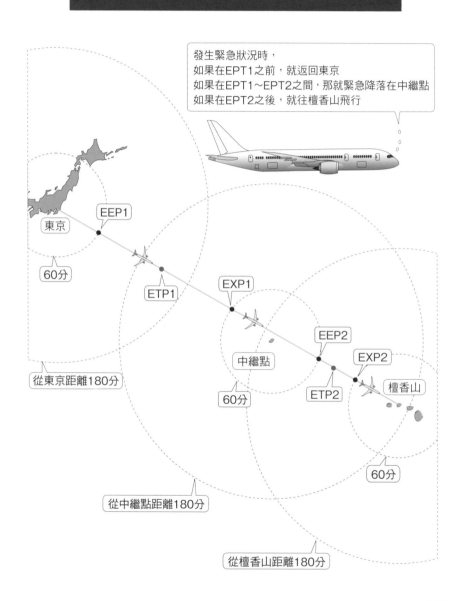

發生緊急狀況時，
如果在EPT1之前，就返回東京
如果在EPT1～EPT2之間，那就緊急降落在中繼點
如果在EPT2之後，就往檀香山飛行

東京
EEP1
60分
ETP1
EXP1
從東京距離180分
中繼點
EEP2
EXP2
ETP2
60分
檀香山
從中繼點距離180分
60分
從檀香山距離180分

飛行路線限制及飄降（drift down）

　　如果在巡航過程中引擎故障，而剩下的引擎無法克服阻力時，如果不讓飛機快速下降到能獲得比阻力更大推力的高度，則會有失速的風險。不過當在計畫飛行路線的左右5英里範圍內有因地形等障礙物存在時，就必須滿足下圖限制條件。

　　要滿足該需求的方法，就是要將剩餘的引擎設置道最大連續推力，以最大升阻比即最大滑翔比的速度下降，稱為**飄降**。另外，適用ETPOS180的運航如果在緊急降落前需要的時間超過180分鐘，如果是飛行在沒有障礙物的海洋上方，在操作順序上會以飛行時間為優先，用接近最大飛行限制空速的速度下降。無論哪一種情況下，飛機都會下降到可以獲得正上升梯度的高度，而手冊上將此操作記為**可獲得100ft以上的上升速率高度**。

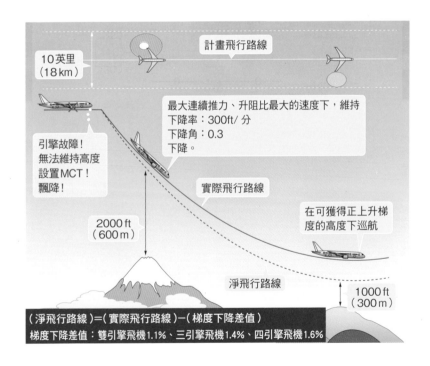

▌快速減壓導致緊急下降

在高空巡航時，如因增壓裝置故障或機體損壞而造成艙內忽然減壓，就**必須緊急下降至安全高度**。例如，當機內氣壓與飛行高度 37000ft（11000m）相同時，可能會在 45 秒內因缺氧失去意識，因此需要立刻戴上氧氣面罩，不過供氧會有時間限制（約 20 分鐘左右）。

另外，以計算出的緊急降落所需的消耗燃油量為基準，飛機此時還有兩種巡航模式，一種是立刻下降到安全高度並巡航，另外一種是根據供氧系統的能力一面分段下降、一面巡航。無論哪一種方式，**因為飛機最後會在低空巡航，所以消耗油量會增加。**

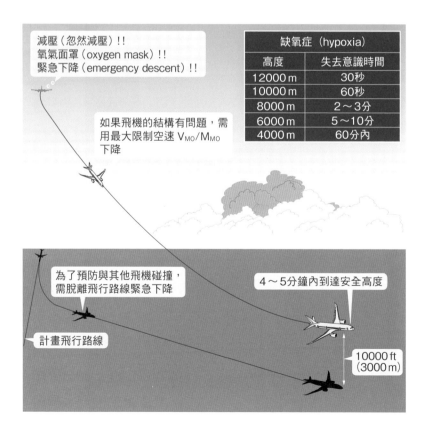

減壓（忽然減壓）！！
氧氣面罩（oxygen mask）！！
緊急下降（emergency descent）！！

如果飛機的結構有問題，需用最大限制空速 V_{MO}/M_{MO} 下降

缺氧症（hypoxia）	
高度	失去意識時間
12000 m	30秒
10000 m	60秒
8000 m	2～3分
6000 m	5～10分
4000 m	60分內

為了預防與其他飛機碰撞，需脫離飛行路線緊急下降

4～5分鐘內到達安全高度

計畫飛行路線

10000 ft（3000 m）

〈日本航空法 第六十三條〉

飛機在用於航空運輸業務或按照儀表飛行時，需承載依日本國土交通省令規定的燃油量，否則不得起飛。

〈日本航空法施行規則 第一百五十三條〉

以下列舉的燃油量中取量多者承載

一　承載燃油量包含：飛達目的地前所需的燃油量，再加上從該目的地飛行到替代機場所需的燃油量（如有兩個以上的替代機場，須以距離飛行目的地最遠的機場為主。下表相同。），以及能夠在該替代機場上空四百五十公尺處盤旋等待三十分鐘的燃油量，及日本國土交通大臣考量到其他不可預見情況而指定的燃油量。

二　在到達目的地前通過航線上的某個點，在該點上引擎無法運作或飛機增壓系統功能損壞時，飛行到適合降落的機場所需的最大燃油量，加上在該機場上空四百五十公尺處盤旋等待十五分鐘所需的燃油量。

〈飛航規則審查細則 2-5 飛航管理的標準〉

考量不可預見情況所需的燃油量中，以下任一項較大量者

甲．到達目的地前飛行所需的燃油量之5%

乙．能夠在目的地上空450公尺處盤旋等待5分鐘的燃油量

此外，上述甲項燃油量在適當定義了修正燃油量的方式下（掌握每架飛機的燃油效能、氣象預報、預設航空交通管制上的延遲、及考慮其他相關資訊後），則燃油量可為「飛達目的地所需燃油量之3%」。

在訂定承載燃油預算時，應考慮以下項目。

甲．氣象預報

乙．預設航空交通管制上的延遲

丙．儀表飛行模式飛行時，包含1次於目的地機場進行儀表復飛

丁．起飛前消耗的燃油量

戊．飛機降落延遲，或燃油消耗增加等其他狀況

必須承載的燃油量

在海上飛行過程中如發生緊急情況，需決定緊急降落的機場時，除了ETP之外，**剩餘燃油量**也很重要。為了確保在任何情況下都能安全降落，日本航空法**規定的燃油量**如左圖（126頁）所示。

此外，當發生迅速性減壓而必須緊急下降高度時，在不需氧氣罩供氧的安全高度下飛行所需的燃油消耗量，比引擎故障時所需油量還多，如果承載以下①所示燃油量，通常能滿足條件②所需燃油量。

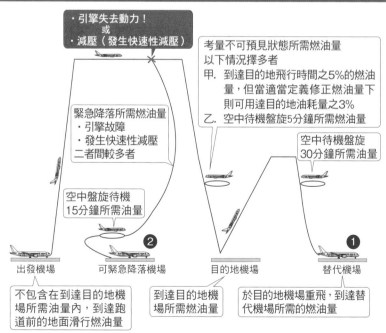

必須攜行的燃油量：①、②擇最多者

①（目的地消耗燃油量）+（替代機場消耗燃油量）
　+（替代機場上空盤旋等待 30 分鐘所需油量）+（考量不可預見狀態所需油量）

②（緊急降落消耗燃油量：引擎故障或發生迅速性減壓二者中所需較多量者）
　+（空中盤旋 15 分鐘所需油量）

・引擎失去動力！
　或
・減壓（發生快速性減壓）

考量不可預見狀態所需燃油量
以下情況擇多者
甲. 到達目的地飛行時間之5%的燃油量，但當適當定義修正燃油量下則可用達目的地油耗之3%
乙. 空中待機盤旋5分鐘所需燃油量

緊急降落所需燃油量
・引擎故障
・發生快速性減壓
二者間較多者

空中待機盤旋
30分鐘所需油量

空中盤旋待機
15分鐘所需油量

❷

❶

出發機場

可緊急降落機場

目的地機場

替代機場

不包含在到達目的地機場所需油量內，到達跑道前的地面滑行燃油量

到達目的地機場所需油量

於目的地機場重飛，到達替代機場所需的燃油量

燃油管理

飛往紐約等北美東海岸的航班，大多使用北太平洋一條稱為 **NOPAC**（North Pacific 之簡稱，北太平洋航線）的航線。

在該航線通過位置通報地點時，須將以下內容通報給航管機關「XX787，13:19通過PASRO，飛行空層370，預計13:45通過POWAL，下一站PLADO，剩餘燃油128.5，機外氣溫負52度，風向280°方向35節」。由於衛星數據通訊的普及，以**數位方式**通報取代語音已為現在主流。

在這位置報告中，最重要的是**在航點的實際剩餘燃油量，與導航日誌中記載的計畫剩餘燃油量之比較**。導航日誌是根據飛機功能數據及世界區域預報中心（WAFC：World Area Forecast Center）發布的高空風及機外溫度等一項數據所製成的飛行計畫路線，並記載飛行速度、飛行高度、各航點間所需飛行時間及剩餘燃油量等的文件。

WAFC的氣象數據非常準確，如果航班按照計畫飛航，日誌與實際剩餘的燃油量不會有太大差異。但是NOPAC是世界上最壅塞的航線之一，所以如果不能按照計畫高度及速度飛行，或者繞過航線上的積雨雲等惡劣氣候時，實際剩餘燃油量將少於計畫。因此確認這些差距所需的油量在「考慮無法預見情況的所需油量」之內，相當重要。

第 6 章

下降（descent）

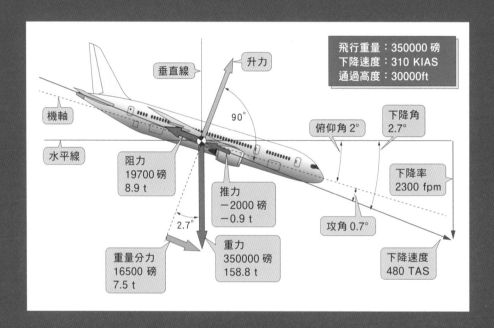

飛行重量：350000 磅
下降速度：310 KIAS
通過高度：30000ft

升力

垂直線

機軸

水平線

90°

俯仰角 2°

下降角
2.7°

阻力
19700 磅
8.9 t

推力
－2000 磅
－0.9 t

攻角 0.7°

下降率
2300 fpm

2.7°

重量分力
16500 磅
7.5 t

重力
350000 磅
158.8 t

下降速度
480 TAS

開始朝目的地機場下降。本章來探討如何決定開始
下降的地點、以及要以何種速度下降、該進行那些
操作等。

下降 (descent)

■ T/D（Top of Descent Point）⋯⋯Check（下降高度⋯⋯確認）

為了有效率地朝目的地機場進場著陸，從巡航高度開始下降的地點非常重要。不過，為了避開地面障礙物以及與其他飛機維持間隔距離，進場的路線中設置了限制高度及速度的特定地點。該地點就設定為**下降終點**（E/D：End of Descent Point），並由此計算出**下降起點**（T/D：Top of Descent Point）。

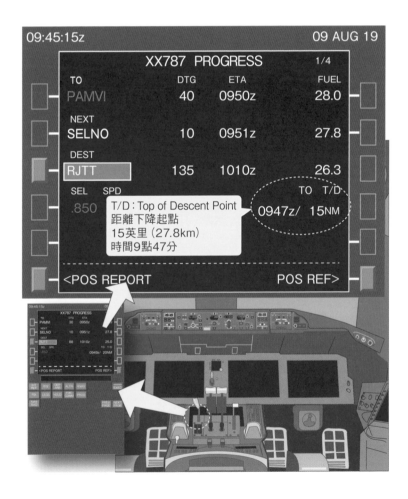

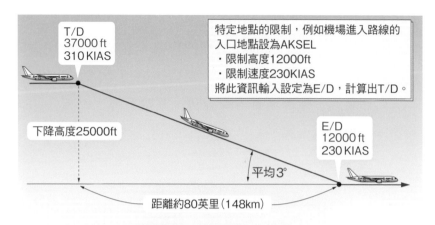

特定地點的限制，例如機場進入路線的
入口地點設為AKSEL
・限制高度12000ft
・限制速度230KIAS
將此資訊輸入設定為E/D，計算出T/D。

T/D
37000 ft
310 KIAS

下降高度25000ft

E/D
12000 ft
230 KIAS

平均3°

距離約80英里（148km）

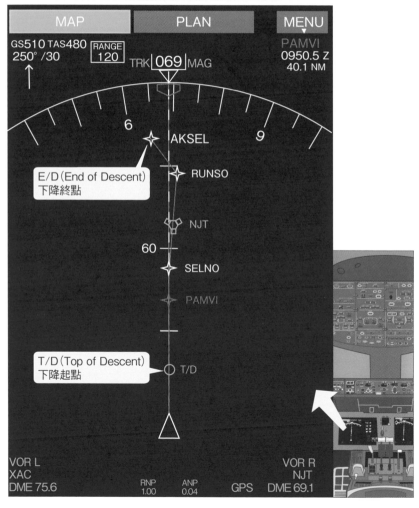

▌ Leaving 370（離開37000英呎）

　　到達 T/D 時，自動油門會將油門桿降至怠速，進入 HLD 模式。VNAV 會從維持機身高度功能轉變為維持下降路線功能的 VNAV PTH 模式，**機首變為下降姿勢，開始下降**。LNAV 則繼續維持水平引導模式不變。

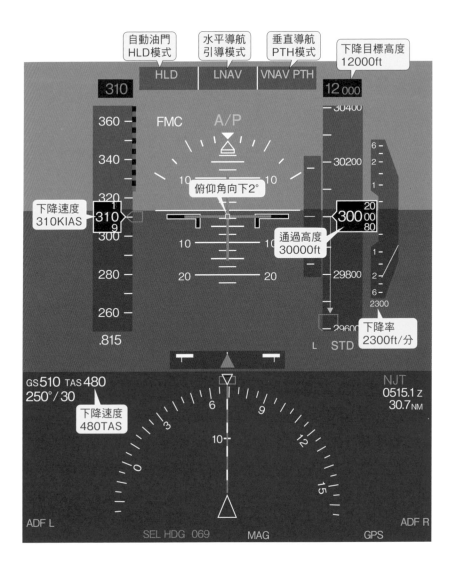

自動油門
HLD模式

水平導航
引導模式

垂直導航
PTH模式

下降目標高度
12000ft

HLD　　LNAV　VNAV PTH

310　　　　　　　　　　　　12 000

FMC　　　A/P

360

340

10　　　　10

320　　俯仰角向下2°

下降速度
310KIAS　310

300

10　　　　10

280　　20　　　　20

260

.815

通過高度
30000ft

30400

30200

30000　300 20 00 80

29800

29600　　6 2

1 2 6
2300

下降率
2300ft/分

L　STD

GS 510　TAS 480
250°/30

下降速度
480TAS

6　　9

3　　　　12

10　　

0　　　15

ADF L

SEL HDG 069　　　MAG

NJT
0515.1 z
30.7 NM

ADF R

GPS

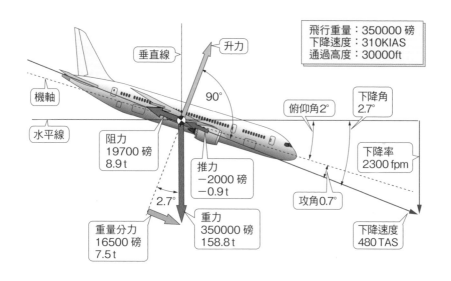

PFD（primary flight display）指示機首維持下降角 2° 姿勢，指示空速 310 節，下降率 2300ft/分，通過高度 30000ft。PFD 顯示的飛機姿勢從駕駛艙外觀察如上圖。參考本圖，探討下降中的力學關係。

為了上升至巡航高度，所需消耗的能量被保留為位置能量，因此下降不需要引擎推力。引擎的輸出處於怠速，無法以高於引擎吸入空氣的速度（飛行速度）噴射出。因此吸入的空氣不會產生運動，也不會產生淨推力。不只如此還會形成如上圖所示的負推力（-0.9t），即阻力。**這個作用類似汽車在下坡時的剎車。**

負責飛機推力的不只引擎，還有**機體傾斜所產生的重量分力（7.5t）**。順帶一提，滑翔機也是以自身重量為動力飛行。相對於其推力 7.5t，妨礙前進的阻力較大，總計為 8.9 + 0.9 = 9.8t。維持指示空速（IAS）下降，真實空速（TAS）就會變慢，也就是說，一邊減速一邊下降。

▊ 下降方式

舉例來說,下降方式標示為0.85M/310KIAS/250KIAS。這個順序是先維持馬赫數開始下降,到達某個高度以下後切換到一個固定的指示空速繼續下降,進入管制區後當高度到達10000ft以下,即開始遵守限制速度250節並下降。以下探討為何要以這樣的方法下降。

0.85M/310KIAS/250KIAS的下降方式,如下圖深藍色線所示。由於平流層內的機外溫度固定為-56.5°,音速也維持在574節沒有變化。因此,當維持0.85馬赫下降時,TAS = 574×0.85 = 488節固定下降,也就是定速下降,下降率幾乎維持固定。

進入到對流層後,隨著高度下降,機外氣溫會逐漸上升,音速也會變快,所以當固定以0.85馬赫做下降時,TAS會變快,變

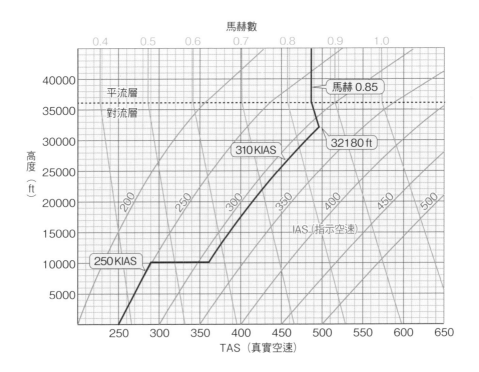

成加速下降。因此隨著高度下降，下降率也會變大。如果再繼續以 0.85 馬赫下降，由於 TAS 變快，以動態壓力為標準的 IAS 速度也會變快，有可能會超過最大限制空速（Vmo）。

因此，當高度在能維持 0.85 馬赫及指示空速 310 節的 32180ft 以下時，就要從 0.85 馬赫切換到 310KIAS 繼續下降。維持 IAS，即維持動壓後，隨著高度下降，空氣密度也會增加，TAS 變慢而形成減速下降，因此隨著高度下降，下降率就會變小。

以上是用於與下降相關的性能計算下的標準下降方式範例，其他還可大致區分為下圖 3 種方法。目前的主流方式是經濟下降，綜合下降路線上的氣象條件等飛行狀況實施操作。

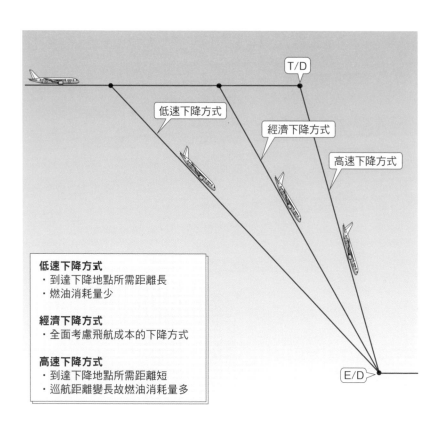

低速下降方式

經濟下降方式

高速下降方式

低速下降方式
・到達下降地點所需距離長
・燃油消耗量少

經濟下降方式
・全面考慮飛航成本的下降方式

高速下降方式
・到達下降地點所需距離短
・巡航距離變長故燃油消耗量多

▌QNH……「SET AND CROSS CHECK」（修正海平面氣壓……「設定及交互檢查」）

在日本，下降中的高度未達14000ft時，須將氣壓高度表自QNE（標準大氣壓力1013.2hPa下指示高度）撥正至QNH（降落時指示機場標高），並透過呼叫（call out）互相確認。

此外，在日本或美國，下降或上升都在相同高度下使用高度表撥定值，如下圖所示，當下降通過轉換空層時就採QNH，上升通過轉換高度時就切換至QNE，採用這個方法的國家很多。

如此，高度表撥定值每個國家不一樣，因此需留意管制指示。例如在日本，會指示「下降至10000ft」，但歐洲則會指示「下降至飛行空層100」。因此，下降前確認飛行簡報相當重要。

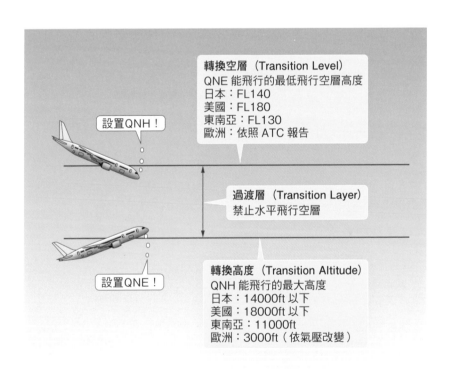

設置QNH！

轉換空層（Transition Level）
QNE 能飛行的最低飛行空層高度
日本：FL140
美國：FL180
東南亞：FL130
歐洲：依照 ATC 報告

過渡層（Transition Layer）
禁止水平飛行空層

設置QNE！

轉換高度（Transition Altitude）
QNH 能飛行的最大高度
日本：14000ft 以下
美國：18000ft 以下
東南亞：11000ft
歐洲：3000ft（依氣壓改變）

█ SPEED BRAKE & AUTOBRAKE……「SET」（減速板及自動 剎車系統……「設置」）

下降前的簡報中，為了降落，確認減速板及車輪自動剎車的操作準備相當重要。

將位置在DOWN的減速板操縱桿向上拉使之滑動，設置到ARMED（預位）位置。透過這項操作，就完成準備讓飛機在著陸後油門桿設置到空檔，所有擾流板皆自動向上。此外，就算沒有設置到ARMED位置，當推力反向器向上拉，擾流板也會自動向上。這項作用的目的不僅在增加阻力，也可以減少升力，讓飛行重量透過輪胎，增加機輪自動剎車的效果。

機輪自動剎車器要參考降落重量、跑道狀態等選擇減速率。著陸後感知到機輪的旋轉，就會自動轉換由電動式剎車器作用，不過這項裝置並未連接到前輪。

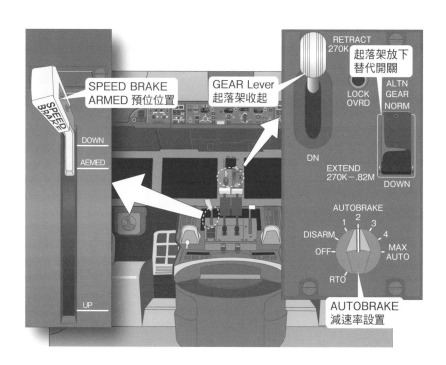

▋「TURN RIGHT HEADING 120」……ATC（「左轉航向120」……航空管制）

巡航時，自動駕駛是根據FMS（飛行管理系統）的數據庫控制，隨著接近目的地機場，由於需要頻繁變換機首方位、速度及高度，這時將由飛行員操縱MCP（Mode Control Panel，模式控制面板），而非FMS。

以下來看看實際操作。維持在12000ft高度飛行時，從ATC（管制機關）收到「Turn Right Heading 120（右轉路線120°），Reduce Speed To 230（減速至230節）」的指示後，先將IAS/MACH選擇器設置到230節。接著再按下航向選擇器（Heading selector）的開關，將滾轉模式從LNAV模式切換為航向模式，並設置機首方位120°。這時自動駕駛的控制就會完全從FMS切換為MCP，飛機開始維持高度12000ft將機首朝120°方位右轉。

變更航向、速度及高度可以透過FMS的輸入控制裝置CDU（Control Display Unit，控制顯示器），但是副駕駛要低頭才能操縱設置在控制台上的CDU，因此一定要先得到機長確認後才能操縱。在機場周圍及低空飛行、特別是航向變更時，儀表監控及外部監控很重要，應盡可能避免低頭。

與FMS不同的是，MCP位於中央遮光板，屬於飛行員進行外部監控的視線範圍內，因此可以針對轉彎方向進行外部監控並繼續操控儀器面板，且能一邊快速應對控制指令。

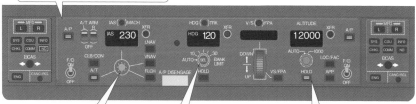

MCP（Mode Control Panel）

IAS/MACH 指示空速／
馬赫選擇器：按壓旋鈕
並設置到 230 節

Heading/Track 航向／航路
選擇器：按壓 SEL 鈕並設
置機首方位（航向）120°

Altitude 高度選擇器：
設置為 12000ft
HOLD（高度維持）開啟

自動油門模式
速度維持功能

滾轉（rolling）模式
HDG預設航向選擇器控制

俯仰（pitching）模式
高度維持功能

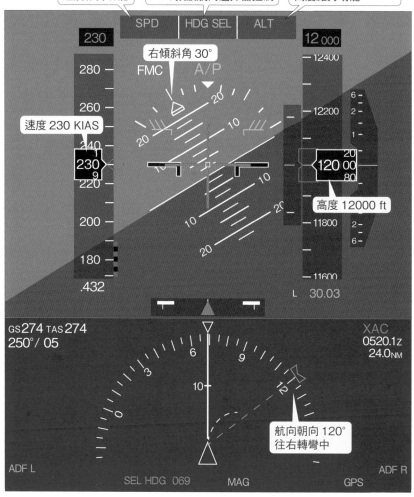

速度 230 KIAS

右傾斜角 30°

高度 12000 ft

航向朝向 120°
往右轉彎中

▎盤旋

　　在副駕駛呼叫「右側，清空（飛機右側空域已無其他飛機或積雨雲等阻礙飛行物）」的指令後，將HDG選擇器向右轉動，左副襟翼下降、右副襟翼上升，同時右擾流板上升。由於左翼產生的升力大於右翼產生的升力，因此產生右滾轉力矩，同時由於右翼的阻力大於左翼，隨著飛機向右順時針傾斜的同時，機首向右擺動，開始右轉。

　　從上可以看出，飛機的轉彎不像船舶一樣，由方向舵（rudder）操控。提到方向舵，如本書起飛章節所述，為了防止轉彎時產生反向偏轉現象，小型飛機需要有方向舵輔助操縱，不過大型客機都是採用副翼或副襟翼與擾流板連動的方式。這是因為透過產生升力差及阻力差，可以防止反向偏轉並做到取得平衡及有效率的轉彎。

　　此外，獨立於機體後部的垂直安定面無法抵銷成對主翼的作用應力，所以高速飛行時方向舵的操作也是因為作用在機體的扭轉應力強度問題。

　　從駕駛艙外觀察飛機轉彎，可以看出飛機正在做圓周運動。為了做圓周運動，需要一個改變飛行速度方向的力，即朝向圓心的向心力，如右圖所示，飛機傾斜產生的升力水平分量就是向心力。

　　另一方面，駕駛艙中則感受到離心力。離心力是圓周運動現象中出現的一種「慣性力（inertial force）」，它與向心力大小相同，方向相反，作用於遠離圓心的方向。在駕駛艙內，為了抵抗離心力，飛機是傾斜的。結果變成離心力與重力之合成為很大的力量，作用在飛機身上。這項合力即為負重因數，表示為重力之倍數，這與速度及重量無關，而是由傾斜角度決定。

（升力水平分量）＝（離心力），因此

$$L \cdot \sin\phi = \frac{W}{g} \cdot \frac{V^2}{r}$$

（飛行重量）＝（升力垂直分量），因此

$$W = L \cdot \cos\phi$$

所以轉彎半徑為

$$r = \frac{V^2}{g \cdot \tan\phi}$$

角速度 ω 與速度V的關係，V＝r·ω，因此

$$\omega = \frac{g \cdot \tan\phi}{V}$$

負重因數 $n = \dfrac{表觀飛行重量}{實際飛行重量}$，因此

$$n = \frac{1}{\cos\phi}$$

＊g：重力加速度

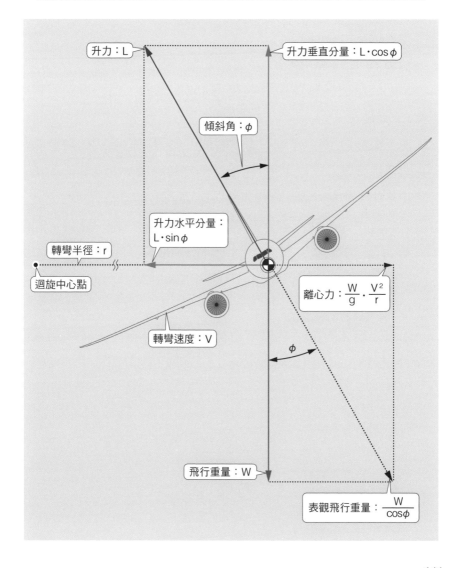

升力：L
升力垂直分量：L·cosφ
傾斜角：φ
升力水平分量：L·sinφ
轉彎半徑：r
迴旋中心點
離心力：$\dfrac{W}{g} \cdot \dfrac{V^2}{r}$
轉彎速度：V
φ
飛行重量：W
表觀飛行重量：$\dfrac{W}{\cos\phi}$

● 實際計算轉彎半徑及所需時間

這裡以空中盤旋為例，求轉彎半徑及所需時間。標準的待機路線是先往前直行1分鐘，然後以180°轉彎後再直行1分鐘，再轉180°，這樣就是1圈。

首先，先計算轉彎180°時的轉彎半徑。由於要求的轉彎半徑中所包含的向心力與升力水平分量相同，由此可以導出轉彎半徑的公式。從這個式子又可以看出，轉彎半徑僅由飛行速度（真實空速）決定。

飛行高度12000ft，指示空速230KIAS下的真實空速為274節，將節的單位換算為ft/秒後得到462並代入，這裡得出轉彎半徑為1.9英里。

接下來計算180°轉彎所需的時間。假設單位時間內轉彎的角度，即角速度為ω，以半徑r轉彎時的旋轉速度V即為V＝ω×r。這個算是代入轉彎半徑r的式子後，可以導出右圖的角速度公式。從這個公式可知，180°轉彎時間為180÷2.3＝78秒。此外，圓周長＝直徑×圓周率，因此半圓周長11500×3.14＝36100ft，以462ft/秒的速度迴旋，則所需時間為36100÷462＝78，同樣獲得相同時間值。

由以上結果可知，繞標準待機路線盤旋1圈所需時間為直行總時間2分鐘，再加上78秒×2＝2分36秒，總計需要4分36秒。

飛行重量：350000磅（158.8 t）
傾斜角：30°
空中待機高度：12000 ft
空中待機速度：230 KIAS＝274 TAS（462 ft/sec、141 m/sec）
重力加速度 g：32.174 ft/sec²（9.8 m/sec²）

$$轉彎半徑 = \frac{V^2}{g \cdot \tan30°}$$

$$= \frac{462^2}{32.174 \times 0.577}$$

$$= 11500 \text{ ft}$$

$$= 1.9 \text{英里}（3505 \text{m}）$$

$$角速度 = \frac{V}{r} = \frac{g \cdot \tan30°}{V}$$

$$= \frac{32.174 \times 0.577}{462}$$

$$= 0.0402 \text{ 弧度 /sec}$$

$$= 0.0402 \times 57.3$$

$$= 2.3 \text{ °/sec}$$

$$升力水平分量 = L \cdot \sin30°$$

$$= 350000 \times 1.154 \times 0.5$$

$$= 202000 \text{磅}（91.6 \text{t}）$$

$$向心力 = \frac{W}{g} \cdot \frac{V^2}{r}$$

$$= \frac{350000 \times 462^2}{32.174 \times 11500}$$

$$= 202000 \text{磅}（91.6 \text{t}）$$

$$負重因數 = \frac{1}{\cos30°}$$

$$= 1.154$$

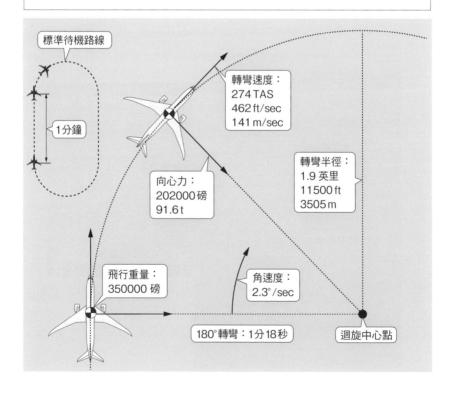

積雨雲

　　正常飛行的情況下，下降會從T/D（下降開始點）開始，但如果下降路線在積雨雲多的地方且無法繞道時，則會在積雨雲上空經過後才開始下降。

　　進入積雨雲內，由於亂流同時伴隨上升及下降氣流，有時會發生無法操控的劇烈滾轉、帶電、打雷、豪雨、冰雹、結冰等會嚴重影響飛行的情況。

　　因此，對飛行員而言，獲得機上氣象雷達以外的積雨雲相關資訊就相當重要。雲的高度等正確資訊可以從在那附近通過的飛行員報告中得知、或是航空公司、航空交通機構等處獲得資訊，可以利用這樣的訊息，決定變更飛行路線或開始下降地點。

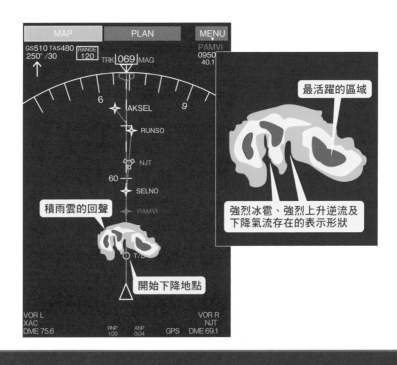

第 7 章

進場及著陸 (Approach & Landing)

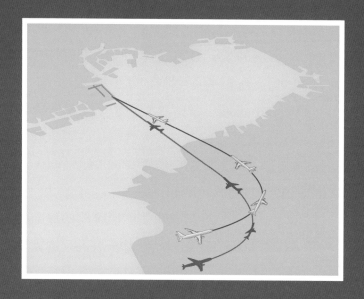

進入機場後到著陸之間，必須執行的操作不僅變
多，與航空交通管制局之間的通訊也變得頻繁，屬
於相當忙碌的階段。本章將探討結束航程最緊張的
著陸階段實際需要進行哪些事項。

進場及著陸（Approach & Landing）

▍「Cleared for ILS runway 34R approach」（「允許做34R跑道的ILS進場」）

「Turn left heading 320, cleared for ILS runway 34R approach」（左轉至航向320°，允許進入跑道34R，ILS儀表降落進場）當收到這樣的指示，飛行員便會對左側空域確認無飛機等障礙物，並設置HDG選擇器左轉至320°，按下MCP的APP開關。

當ILS（儀表降落系統）發出訊號，飛機就開始朝著320°轉向，這個方向可以輕鬆接收到指向正確進入跑道的LOC（Localizer，航向台）電波。當接收到LOC，自動駕駛就會引導飛機維持進入跑道34R的方位337°。接著再接收到以降落預定地點為起點的垂直方向進場路線指引的G/S（Glide Slope，滑降台）電波後，就會自動以3°進入角開始下降。

此外，當指示LOC及G/S狀態的菱形標誌開始移動時，飛行員一定要呼叫「LOC Alive（通電）」「G/S Alive（通電）」。為了接收到ILS訊號，也需要先在FMS的資料庫當中選擇降落的跑道。

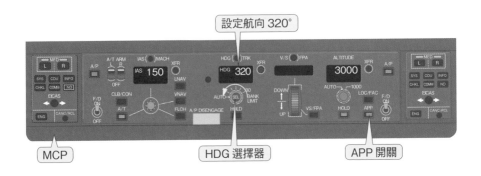

設定航向320°

MCP　　HDG 選擇器　　APP 開關

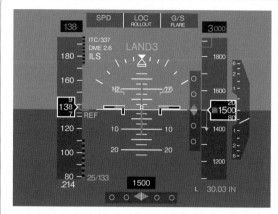

無線電高度表（radio altimeter）顯示1500ft以下時，平飄（flare）及降落滑跑（roll out）顯示為ARM（操作準備完成），代表自動降落（auto landing）已經準備完成。

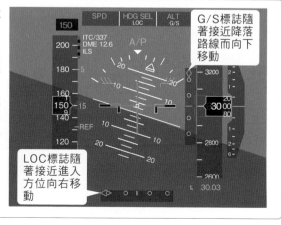

LOC capture
G/S Alive

LOC Alive

設置航向 320°
上推，APP 開關

標示朝向指示方位320°，傾斜角20°轉彎。

接收到LOC訊號後出現菱形標誌移動，呼叫「LOC Alive」。

此外，這些菱形標誌接近中心時，顏色線顯示為紫紅色（magenta）。

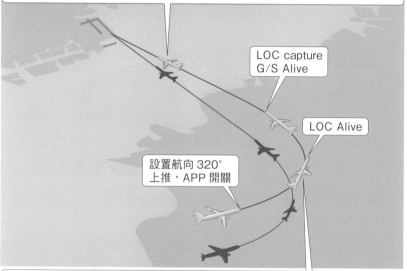

G/S標誌隨著接近降落路線而向下移動

LOC標誌隨著接近進入方位向右移動

147

▌自動著陸（Auto Landing）

自動著陸需要ILS、自動駕駛系統、自動油門、無線電高度表及FMS等系統幫助。以下讓我們透過參考PFD顯示的飛行模式變化，來檢查直到飛機自動著陸的流程。

當飛機上的系統接收到LOC和G/S的訊號，就會朝跑道的正確磁方位以及3°進場角，並繼續下降，當電波高度表顯示飛機高度到達1500ft以下，顯示顏色就會表示成白色，代表降落滑跑及

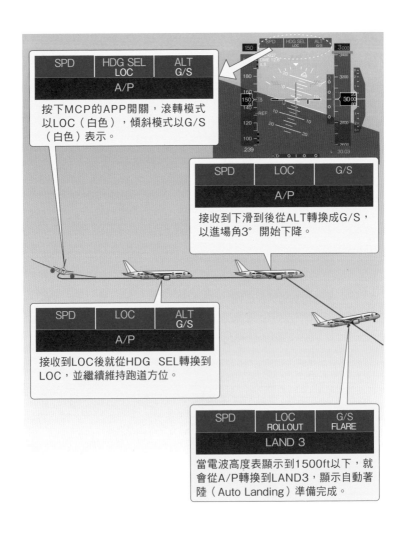

SPD	HDG SEL LOC	ALT G/S
	A/P	

按下MCP的APP開關，滾轉模式以LOC（白色），傾斜模式以G/S（白色）表示。

SPD	LOC	G/S
	A/P	

接收到下滑到後從ALT轉換成G/S，以進場角3°開始下降。

SPD	LOC	ALT G/S
	A/P	

接收到LOC後就從HDG SEL轉換到LOC，並繼續維持跑道方位。

SPD	LOC ROLLOUT	G/S FLARE
	LAND 3	

當電波高度表顯示到1500ft以下，就會從A/P轉換到LAND3，顯示自動著陸（Auto Landing）準備完成。

平飄操作準備完成。此外，自動駕駛系統的狀態會從 A/P 改顯示為可自動著陸模式的 LAND3。

當飛機持續下降到 50ft 左右，就會開始進行**恢復操作**返回平飄，同時推力桿會推向空檔並接觸地面。觸地後，飛機會一邊維持在跑道中心線同時減速。從跑道進入到滑行道前，必須關閉自動剎車和自動駕駛。

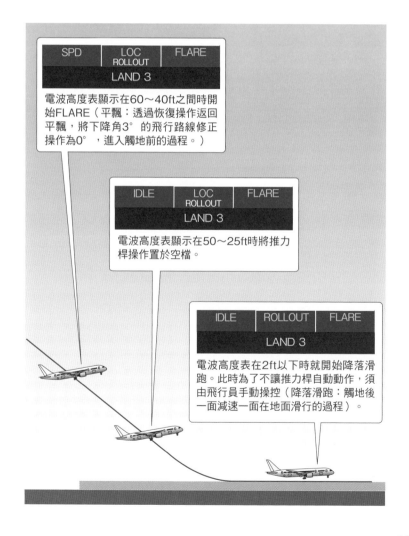

SPD	LOC ROLLOUT	FLARE
LAND 3		

電波高度表顯示在 60～40ft 之間時開始 FLARE（平飄：透過恢復操作返回平飄，將下降角 3° 的飛行路線修正操作為 0° ，進入觸地前的過程。）

IDLE	LOC ROLLOUT	FLARE
LAND 3		

電波高度表顯示在 50～25ft 時將推力桿操作置於空檔。

IDLE	ROLLOUT	FLARE
LAND 3		

電波高度表在 2ft 以下時就開始降落滑跑。此時為了不讓推力桿自動動作，須由飛行員手動操控（降落滑跑：觸地後一面減速一面在地面滑行的過程）。

▌ILS（儀表降落系統）

ILS系統是全球標準模式的協助設備，它可以透過定向無線電波協助精準進場，自1950年以來一直在運行。這個系統的地面設備如右圖所示，除了有航向台（Localizer）、滑降台（Glide slope）、指點信標（Marker beacon），還有依照**ILS的階段**所設定的基準設備如跑道著陸區燈（Runway Touchdown Zone Light）、跑道中心線燈（Runway Centerline Light）、標準進場燈光系統（Precision Approach Light System）、跑道視程觀測系統（Runway Visual Range Measuring System）等。ILS的階段制定了進場界線（高度及地點），不僅是地面設備、包含飛機上設備的精密度以及飛行員的資格等，又分為Ⅰ、Ⅱ、Ⅲa、Ⅲb、Ⅲc共5個階段。

航向台（Localizer）是一種引導水平方向精確進入航路的設備，從跑道中心線向左側發射90Hz、右側發射150Hz不同**調變度**的無線電波。調變是透過將傳輸信號的載波改變為與信號相對應的振幅、頻率和相位，用來表示調變程度的就是調變度。如果調變度差為零，則表示飛機在中線飛行。例如，飛機上的接收器接收到150Hz訊號優勢時，會判斷飛機在中心線右側，而PFD的滾轉桿則會根據調變度差的大小發出左右方向的修正指示。

滑降台（Glide slope）是一種在垂直進場路線上方發射90Hz、下方發射150Hz的無線電波的設備。例如，如果150Hz訊號為優勢，則PFD的俯仰桿就會根據調變度差的大小發出上升指示。

指點信標（Marker beacon）是向上發射無線電波以傳達飛機已到達距跑道特定距離的設備。有些機場會因為在海面上而有裝設困難、或如果已安裝了**DME**（測距儀，Distance Measuring Equipment）而不裝設指點信標。**內指點標**（Inner marker）是指在ILS第Ⅱ階段操作所需的信標。

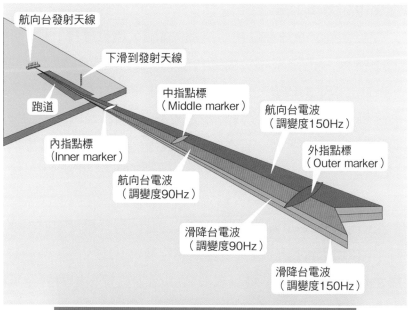

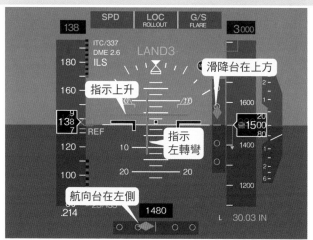

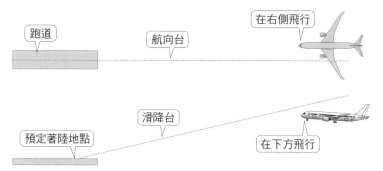

▌進場中的力學平衡

右上圖顯示的是在以指示空速138節、機首維持1.5°上仰姿勢、以750ft/分的下降率、進場角度3°的航線上通過高度1500ft時，PFD上指示的內容。這個瞬間的力學平衡如右下圖所示。氣壓高度表之所以與無線電波高度表同為1500ft，是因為羽田機場34R跑道在著陸前，須一直在海面上飛行。QNH撥正的氣壓高度表指示之「高度（Altitude）」與電波尺測量的絕對「高度（Height）」顯示一致。

我們來看看右下圖。如圖所示，這時候與飛機從巡航高度下降時不同，進場的下降機首呈現抬高姿勢。其原因是這時候必須增加主翼的攻角。除了將襟翼設置到著陸位置，相對於進場角3°，將機首抬高1.5°，攻角就會是4.5°，此時的升力係數會增加約1.3。也就是說，這時候作用在主翼的動壓將增加1.3倍，就可以獲得維持飛機重量的升力。順帶一提，高速飛行的巡航狀態下升力係數約為0.3～0.4。

維持進場角3°的下降不僅襟翼設置在著陸位置、機首呈向上姿勢，由於起落架同時放下，因此阻力也隨之增加。因此這時候的推力不像從巡航高度下降時設置在怠速推力，而是幾乎與巡航時的設置相同。

此外，前進推力與飛行重量分力之總和與阻力相同。這是因為從巡航高度的下降為減速下降，而相對於此，低空下的指示空速與真實空速幾乎相同，因此這時候的狀態是定速下降。

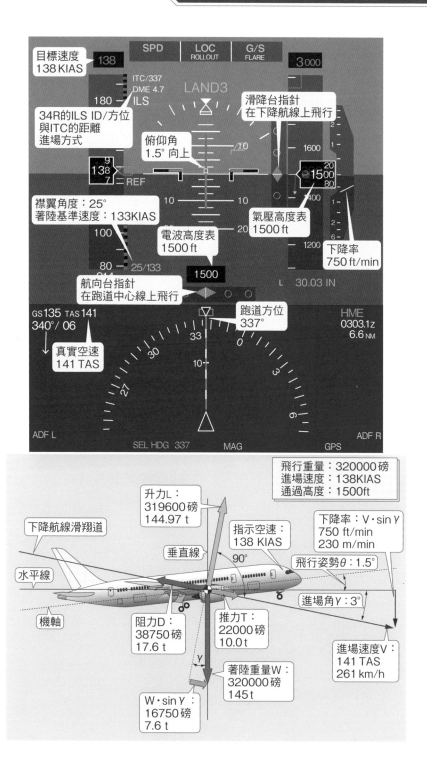

▌著陸基準速度（V_{REF}）

適航審查要點中對著陸基準速度 **V**_{REF} 之定義是「決定著陸距離時飛機在規定著陸形式下降過程中，通過15m（50ft）高度之速度」，其值必須是

- $1.23V_{SRO}$ 以上（著陸狀態下的失速速度）
- V_{MCL} 以上（著陸進場的最小操縱速度）
- 可以獲得以40°傾斜角進行平衡轉彎動力的速度以上（對應於3°進場角的對稱推力／輸出設定）

最小操縱速度是在引擎發生故障時，剩下的引擎在最大輸出下也能夠執行恢復操作、且可進行直線飛行的速度。

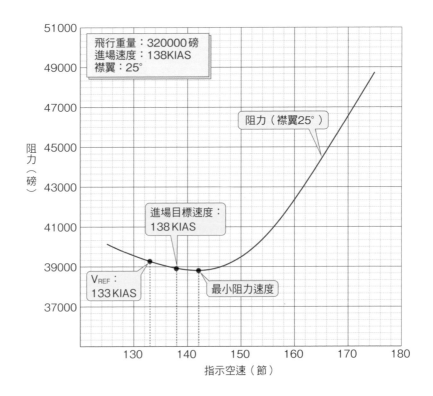

在上述條件下計算出的 V_{REF} 就是下圖所示的**低於最小阻力速度範圍**。需要注意的是，低於最小阻力速度的區域稱為**負區**，速度穩定性為負值。

如下圖，在最小阻力速度以上稱為**正區**，這個區域下即使飛行速度因氣流影響而發生與飛行員意願相反的速度變化，也能夠自然恢復到原始速度，屬於速度穩定性為正值的區域。然而在負區時，推力桿需要因應速度變化做出複雜的操作，因此這裡不是維持速度及下降路線的最佳飛行速度區域。

為了應對上述原因及在低空下的風速突變，飛行手冊中註明的進場目標速度不是 V_{REF}，而是 **V_{REF} ＋風力修正**（跑道上風速之 1/2 或最小 5 節～最大 20 節）。

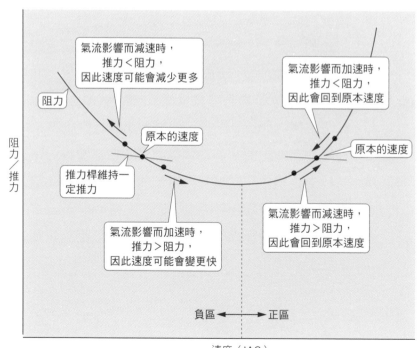

從跑道入口至觸地

著陸是從跑道進近端（threshold臨界點）上高度50ft（15m）的一點到觸地且完全停止的一系列過程。但需要注意的是，如右上圖所示，由於滑降台（GS）接收天線安裝在前輪艙門上，跑道進近端的主輪高度並非50ft。

右下圖中顯示，因恢復操作而增加的升力與著陸重量之間的差為向心力，以描繪半徑R圓弧的方式讓3°進場角變成0°，藉此減輕觸地時的衝擊。

此外，高度50ft時的進場速度V_{APP}＝138節，觸地時速度V_{TD}＝135節，這個速度是由試飛中的V_{TD}/V_{APP}之平均值0.98所計算出。因此，從高度50ft到觸地前的平均速度為136.5節（230ft/秒）。由此可知，在本例中，由跑道進近端到觸地的時間約為5秒。

另外，由於向心力＝離心力，因此觸地時，會有一股荷重力與由向心力引起的荷重大小相同，但方向相反，這就是來自於跑道的反作用力。由於觸地時作用的荷重平均值為1.2g，因此恢復操作所需的升力增加量即為著陸重量之1.2倍。而由於觸地時的荷重愈大，轉彎半徑就愈小，因此可知著陸距離也會愈短。

順帶一提，在觸地之前，通過飛機的氣流會影響跑道路面而讓空氣動力特性產生變化。結果升力增加的情況下阻力會急速變小，因而產生機首下降力矩所作用的地面效應（Ground effect，又稱翼地效應）現象。恢復操作也是與這種地面效應相對應之操作。

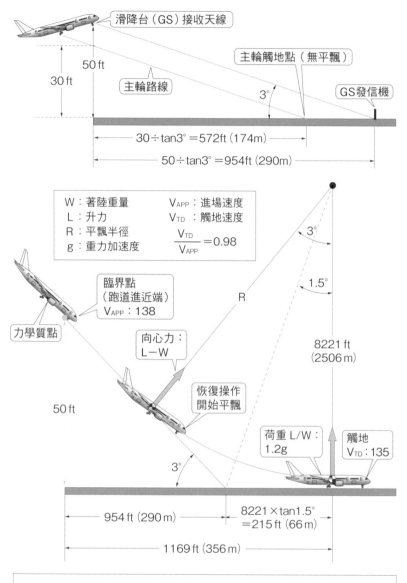

$$L-W=\frac{W}{g}\cdot\frac{V^2}{R}\text{，因此 }R=\frac{V^2}{g\cdot(L/W-1)}$$

觸地前的平均速度V=136.5節（230ft/sec），升力與著陸重量之比
L/W帶入荷重1.2後，平飄弧度半徑R為

$$R=\frac{230^2}{32.174\times(1.2-1)}=8221\text{ ft （2506m）}$$

■ Call⋯⋯「SPEED BRAKE UP」（呼叫⋯⋯「減速板放出」）

不負責操縱的PM（監控駕駛員，pilot monitor）在飛機觸地的同時，確認減速板位於UP（放出）位置，並呼叫「減速板放出」。

當減速桿位於ARMED預位，左右主輪輪胎與跑道接觸，如果推力桿位於怠速位置，減速桿就會自動到UP位置，讓在機翼上方左右共計14片的擾流板一次全部立起。

減速板也有增加阻力的作用，但它的主要目的是透過破壞升力（讓升力作用無效），讓支撐飛機的工作由升力轉至機輪，使機輪的剎車制動效果更佳。由於在較高速度下破壞升力的效果較好，因此首先作用的剎車制動設備是減速板。

減速板之後接著作用的是車輪剎車設備。裝設在主翼底部的

減速桿位於ARMED位置，
· 主輪輪胎不傾斜
· 油門桿位於怠速下作用

DOWN
ARMED

自動運作

減速桿

UP

主起落架車輪剎車器透過自動剎車選擇器可以設置為1～MAX。
當推力桿處於怠速位置並感應到主輪輪胎轉動時，電動剎車將會
開始運作讓設定的減速率能夠維持。正常的飛行下減速率設置在
1和2，跑道溼滑時減速率設置為3和4，需要最小著陸距離時減
速率設置為MAX。此外，**當減速板不運作的時候，車輪剎車器
的制動效果大約會下降到60%。**

　　當腳踩方向舵踏板的頂部、或將減速桿推回到DOWN位置
時，自動剎車選擇器會跳到DISARM（解除）位置，自動剎車即

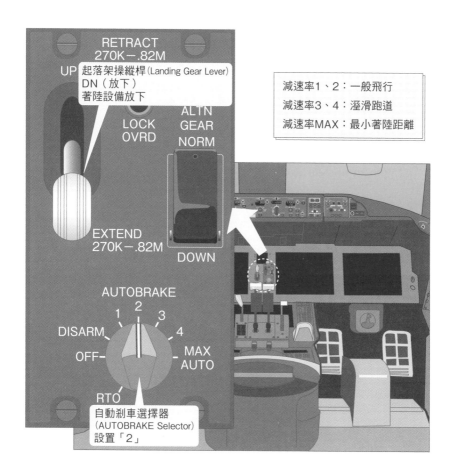

減速率1、2：一般飛行
減速率3、4：溼滑跑道
減速率MAX：最小著陸距離

解除。此外，如果在觸地後因某種原因需將推力桿推至起飛位置再次起飛，這時候自動剎車就會解除，減速板則會回到DOWN的位置。

由於**反推力桿**不會自動運作，需要手動將其拉起才能啟動**推力反向器**（Thrust reverser）。拉桿向上拉時，側移動板會因液壓而滑到引擎後方，安裝在風扇函道中的阻流門則向後旋轉，阻擋風扇的噴射流。

被阻擋的風扇噴射流會透過風扇導葉，正向噴射至引擎外部。

此外，反推力桿可以從反推力怠速位置控制到最大輸出。當拉桿向上拉，自動油門就會斷開，這時候就算減速板未處於預位（ARMED），也會自動設置到放出（UP）的位置。

推力反向器的優點是減少機輪剎車器磨損，由於這是一種不與跑道表面接觸的制動剎車設備，當跑道溼滑時特別有效。不過在正常飛行時當著陸重量較輕，有可能因為比較降噪、機輪磨損及燃油成本後而不使用。

▋ Call……「60 knots」（呼叫……「60節」）

確認PM呼叫「60節」後即將反推力桿推到原本位置。由於60節以下的速度，被推力反向器捲起的空氣有可能被吸入引擎，導致引擎內空氣產生亂流，造成喘振（Surging，振動）。

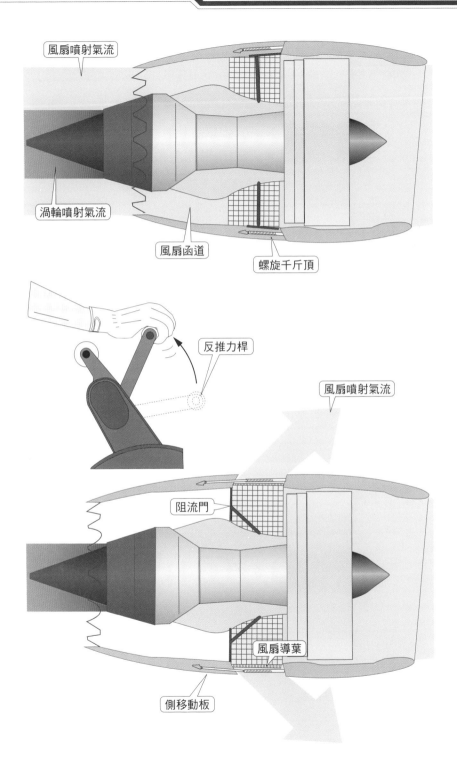

風扇噴射氣流

渦輪噴射氣流

風扇函道

螺旋千斤頂

反推力桿

風扇噴射氣流

阻流門

風扇導葉

側移動板

▋觸地至完全停止

　　觸地後的力學關係如下圖所示。由圖中的算式可以看出,阻力與車輪制動力之和如果大於前進的**怠速推力**,加速度則為負值,可產生讓飛機減速的動力。由於怠速推力在地面上很大,不可忽視,透過推力反向器產生的反推力對飛機停止可說非常有幫助。

　　不過當引擎發生故障,反推力就不會對稱,這時候在計算從觸地到停止的距離時,通常就不考慮推力反向器。當實際發生引擎故障時實際操作方式是將推力反向器推到怠速位置,這樣就算不另外產生反推力,也能讓怠速推力變成零。

　　著陸重量減去升力後乘上**制動係數**即為制動力。升力愈大,制動力愈小,由此可知破壞升力的減速板是有效的。

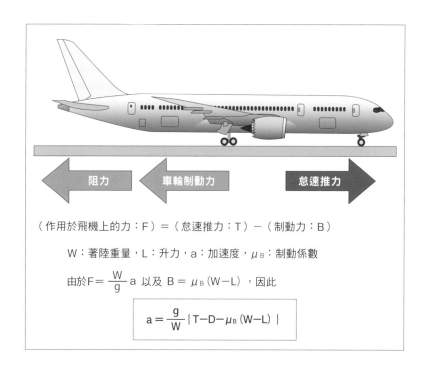

（作用於飛機上的力：F）＝（怠速推力：T）－（制動力：B）

　　W：著陸重量,L：升力,a：加速度,μ_B：制動係數

　　由於 $F = \dfrac{W}{g} a$ 以及 $B = \mu_B(W-L)$,因此

$$a = \frac{g}{W}\{T-D-\mu_B(W-L)\}$$

以上，「觸地到停止的距離」加上「通過50ft後到觸地的距離」之水平距離就是著陸距離，但是在實際飛行時，所求的是使用跑道之60%以內為停止距離。這個意思是，假如能在1200m處停止，實際上能夠著陸的機場跑道長度必須在2000m以上。

下圖是本書第157頁計算出來的距離示例，即從 50 英呎（50ft）到地面的距離加上完全停止後的距離。實際著陸的距離884m除以0.6等於1473m，就是法定的著陸距離，也是飛行手冊中記錄的著陸距離。

此外，在實際飛行下也必須考慮風的強弱。當對縮短著陸距離有利的逆風計為50%（例如10節中計為5節），那麼對縮短距離較不利的順風就必須計為150%（如10節中計為15節）。

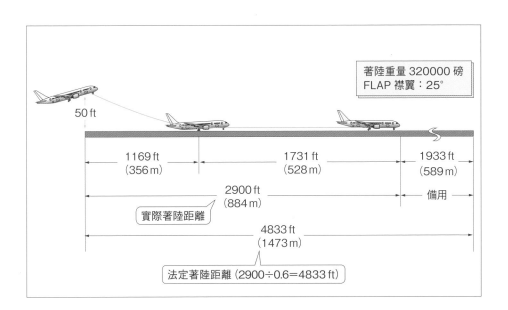

著陸重量 320000 磅
FLAP 襟翼：25°

50 ft

1169 ft
（356 m）

1731 ft
（528 m）

1933 ft
（589 m）

2900 ft
（884 m）

備用

實際著陸距離

4833 ft
（1473 m）

法定著陸距離（2900÷0.6＝4833 ft）

▌Call……「Go Around」（呼叫……「重飛」）

即使飛機下降到進場限制高度（可下降的最低高度），如果跑道或進場燈等著陸參考設備無法辨識，或者當管制機關指示重飛時，就必須呼叫「重飛」並開始執行相關操作。

按下TO/GA開關將飛機設置為重飛推力，讓位於著陸位置的襟翼拉高至20°。機首抬高到15°復飛姿態開始爬升，並向管制機關通報進入復飛。利用高度表及升降表確認爬升狀態並將起落架收起。當飛機高度達到1500ft時設置為爬升推力，並按照每個機場所設定的進場復飛方式飛行。

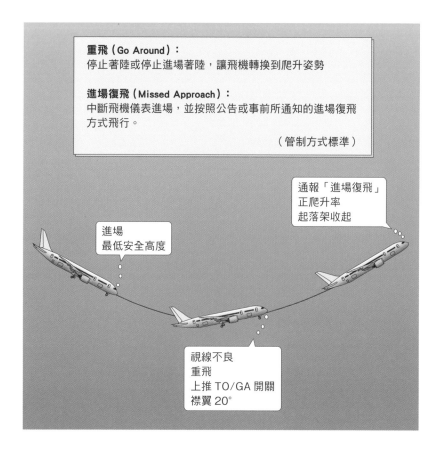

重飛（Go Around）：
停止著陸或停止進場著陸，讓飛機轉換到爬升姿勢

進場復飛（Missed Approach）：
中斷飛機儀表進場，並按照公告或事前所通知的進場復飛方式飛行。

（管制方式標準）

通報「進場復飛」
正爬升率
起落架收起

進場
最低安全高度

視線不良
重飛
上推 TO/GA 開關
襟翼 20°

　　重飛的原因不只是天氣狀況。例如當「發生地震」或「前面的飛機遭遇鳥擊」等，**或者為了安全檢查而遇到跑道突然關閉等都有可能**。也就是說，進場的飛機不一定都能夠著陸。因此**法規規定了如下圖對進場及著陸狀態下的飛機爬升性能相關要求**。

　　在襟翼20、起落架上升的進場狀態下，除了針對引擎故障時飛機爬升性能的要求外，最重要的條件之一就是**最大著陸重量**。這是因為降落跑道的氣壓高度及外界氣溫會讓重飛推力有所限制，為了滿足所需上升梯度，必須對最大著陸重量加以限制。

　　襟翼位於著陸位置、起落架下降的著陸狀態是針對全引擎運作的要求，但有關引擎加速性的要求就會是問題。因此當襟翼角度在25°以上或起落架放下的狀態時，會透過用比平時更高速旋轉的怠速來達到加速性的要求，稱為**進場怠速**。

著陸時要求的爬升性能（適航檢查程序）

進場復飛（Approach Climb）
- 1 具引擎故障
- 進場狀態（襟翼 20，起落架收起）
- 爬升梯度 2.1% 以上
- 重飛推力
- 最大著陸重量

著陸復飛（Landing Climb）
- 全引擎正常運作
- 著陸狀態（襟翼著陸位置、起落架放下）
- 上升梯度 3.2% 以上
- 8 秒內從怠速到重飛推力

▊ 「Request C7」（「請求由 C7 滑行道進入」）

當天氣好轉時又可以開始進場。飛機安全著陸並持續減速，當速度到60節時，將反向推力桿推回原位，在速度到達滑行道滑行速度前解除自動剎車。接著呼叫「請求C7」，向管制機關請求允許進入可以離開跑道的滑行道。

在60節的速度下將反向推力桿推回原位，是為了防止發生前述的引擎喘振等現象。此外，解除自動剎車的原因，是因為減速率設為8節/秒，而行駛速度如果降至8節以下，飛機會緊急停下。這時候要將減速桿設到DOWN位置，襟翼設置桿設置到UP，目標朝向要到達的停機坪，在管制機關指示的滑行道上滑行。另外，為了讓引擎冷卻，建議至少要花5分鐘讓飛機在怠速推力下運轉。

進入停機坪後就設置駐留剎車（Parking Brake）。連接外部電源並確認電源供應無虞後，就將燃料控制開關切換到CUOFF，將引擎熄火。

另外，當飛機停在停機坪前時，會設置輪擋，由於輪擋的英文是block，因此飛機停在固定場所又稱 Block in（停機滑入），而出發時要鬆開剎車器後推，就稱為 Block out（鬆剎車器自空橋後推），從出發到抵達的時間就稱為 Block time（輪擋時間、運行時間）。而飛機從起飛後到著陸點的時間就稱為 Flight time（飛行時間）。

輪擋固定後將引擎熄火，接著就會關掉客艙內的安全帶燈、液壓系統泵浦、燃油泵浦、紅色信標（防撞燈）。當所有乘客都下飛機（deplaning）後，就會關掉緊急燈，整趟飛行完成。

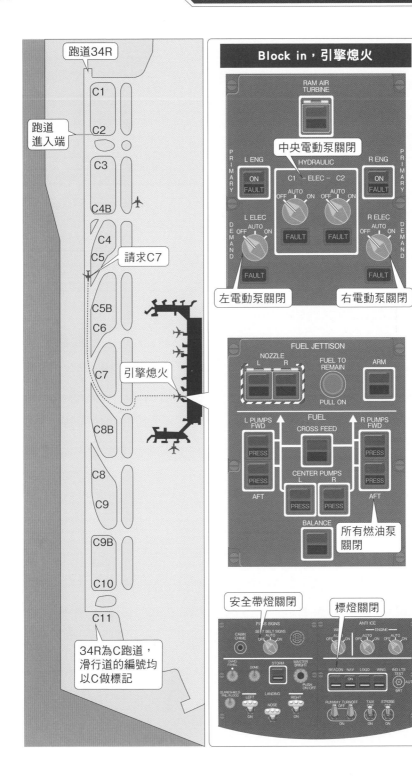

為什麼沒有自動起飛

　　過去，配備當時最新導航設備的洛克希德L10-11噴射客機在鹿兒島機場進場中時，由於在雲層中飛行而誤入火山煙流，機艙內瀰漫硫磺味和細小的火山灰，駕駛艙前方擋風玻璃變成像磨砂玻璃一樣模糊。

　　當時由於火山訊息和維修方面的問題（引擎檢查及擋風玻璃更換等），該飛機返回天氣晴朗的羽田機場，且在前方視線模糊的狀態下安全自動著陸。這件事說明了自動著陸的有效範圍不僅針對惡劣天氣。

　　那麼為什麼沒有自動起飛（Auto Takeoff）呢？自動著陸之所以能夠實現，是因為有地面設備ILS、以及飛機上有能夠接收無線電波、讓飛行員了解飛行狀況的顯示功能、以及有自動引導功能的自動駕駛及自動油門等設備。因此要實現自動起飛，需要有儀表起飛設備（ITS：Instrument Takeoff System?）等地面輔助設備、以及能與之相應的機上設備。在只有45m或60m寬的跑道中心線上靠自動駕駛及自主導航系統高速滑行，就像汽車完全不看車外、只靠汽車導航在高速公路上行駛一樣。

　　著陸的ILS系統，是基於殘餘燃油問題及心理上可能有強行繼續降落的風險性、以及對乘客的關懷、燃油成本、設備管理等安全性及飛航效率等問題而開發。相對於此，起飛只需要在地面待機，與自動降落相較之下必要性較低。雖說如此，或許也會在不久的將來開發。

第 8 章

載重與平衡（飛行重量及平衡）

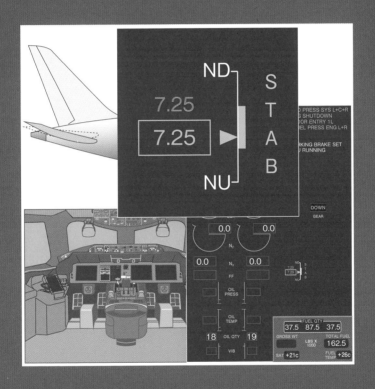

如果沒有決定起飛重量，就無法算出起飛速度、最佳高度、燃油消耗量等。再者，重心位置不僅影響操控、安全性，對起飛性能、燃油經濟等也有很大影響。本章為本書最後一章，將針對飛機載重及平衡的相關考量做討論。

載重與平衡（飛行重量及平衡）

▌有效載荷／航程

　　飛航手冊中指出「飛行計畫之訂定以安全為前提，兼顧準時性及舒適性，並以確保最大有償酬載重量（有效載荷，Payload）的經濟運航為目的」。

　　讓我們來探討什麼情況下能夠獲得最大有效載荷。

　　右圖例為有效載荷／航程圖，顯示出有效載荷與續行距離之間的關係。從這個圖可以得知：

　　　　（最大有效載荷）＝（最大無油重量）－（操作空重）

　　然而當巡航里程為 5500 英里，搭載燃油量超過 147500 磅，無油重量與有效載荷量將會減少。像這樣根據搭載燃油等飛航條件下，所容許的有效載荷就稱為機艙容許載重量（ACL：Allowable Cabin Load）。

　　另外，有效載荷／航程圖的縱軸不是有效載荷而是無油重量，這是因為操作空重會因為座位規格等而改變，造成有效載荷不同，各種重量分類的詳細關係將再接著探討。

重量分類	磅	t（噸）
最大起飛重量：Maximum Takeoff Weight	502500	227.9
最大著陸重量：Maximum Landing Weight	380000	172.4
最大無油重量：Maximum Zero Fuel Weight	355000	161.0
操作空重：Operational Empty Weight	264500	120.0
最大有效載荷：Maximum Payload	90500	41.0
可消耗最大燃油重量：Maximum Usable Fuel	223378	101.3

有效載荷／航程

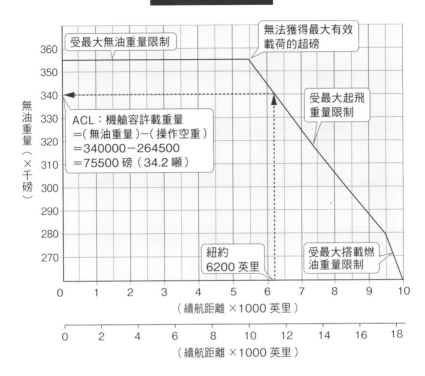

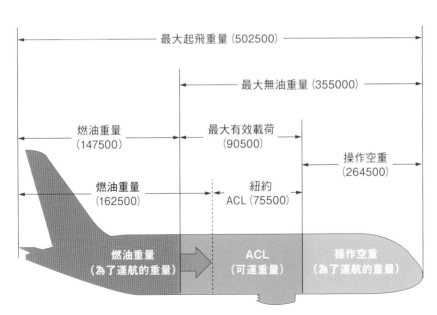

▌適航所需重量

・最大起飛重量

　　試航審查程序的定義是「在構造設計中，針對地面滑行及較小下降率的降落所需荷量下的最大飛機重量」，較小下降率指1.8m／秒（6ft／秒、360ft／分）。

　　這個意思是以最大起飛重量起飛後就馬上著陸，用360ft/分的下降率觸地著陸對機體強度完全無虞。順帶一提，實際運航時的觸地平均下降率為300ft／分以下。另外定義上稱為設計最大起飛重量，但航行時僅以最大起飛重量稱之。

・最大著陸重量

　　定義為「構造設計上以最大下降率所需之著陸荷重下的最大飛機重量」，最大下降率指3.0m／秒（10ft／秒，600ft／分）。

　　接近進場時下降率600英呎/分、且不平飄的情況下直接觸地，對機體構造上完全無虞。此外，定義上為設計最大著陸重量，但實際運航時僅以最大著陸重量稱之。

・最大無油重量

　　定義是「完全未搭載燃油及潤滑油時的飛機設計最大重量」。如右圖，即使在機翼內部油箱完全未搭載燃油的狀態下，機翼根部作用之荷重到達最大，對機體構造上也完全無虞的最大重量。如果小於最大無油重量，則代表強度保證可承受機翼內隨著飛行而改變的油重所帶來的重複荷重。

最大起飛重量

以下降率 1.8m／s 觸地對著陸裝置等強度問題無虞的重量

以 1.8m/s 觸地

最大著陸重量

以下降率 3.0m／s 觸地對著陸裝置等強度問題無虞的重量

以 3.0m/s 觸地

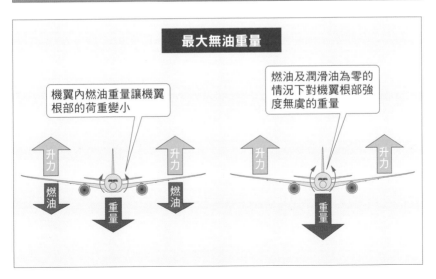

最大無油重量

機翼內燃油重量讓機翼根部的荷重變小

燃油及潤滑油為零的情況下對機翼根部強度無虞的重量

升力　　燃油　　重量　　燃油　　升力

升力　　重量　　升力

▌基本飛機重量

基本空重（名稱因航空公司而異）是飛機實際飛航的最基本重量，包含了機體構造重量及設備等，如下圖所示。

不適合使用的燃油是指燃油控制設備的液壓油、以及從油箱到引擎及APU等供應管線中無法排出的殘餘燃油。

標準飛行設備中，根據航空法規定飛機必備的文件有以下幾種，如操作限制等指定文件、飛行手冊（記載飛機概要及限制事項等）、飛航操作手冊（記載機組人員職責等與飛航管理相關事項）、乘載飛行日誌（記載飛航機組員姓名、飛行航段、飛行時間等）等。

基本空重（BEW：Basic Empty Weight）

- ·機體構造重量（引擎及固定設備）
- ·內部設備重量（可拆卸裝備）
- ·液壓油重量（油壓設備等的液壓油）
- ·不適合使用的燃油重量（控制設備或管線中的殘餘燃油）
- ·標準飛航設備重量（手冊類及乘載飛行日誌等）

BEW255000
CG25%MAC

在機庫中定期測量基本空重及重心位置。

█ 飛行的基本飛機重量

重量為基本空重的飛機從機庫被牽引到航廈後，要再加上如下圖機組人員、客艙服務用品等實際飛行的必須重量，這就是**操作空重**（OEW：Operational Empty Weight）。

機組人員和空服員的組成會根據飛行路線改變。此外，有時也會有訓練中的機組員及其訓練教官搭乘。因此必須要再加上這些相應人數及行李重量。

OEW 重量下再加上乘客及貨物重量後的總重，就是無油重量。無油重量再加上搭載燃油重量，就是起飛重量，而起飛重量必須如下一節討論的內容，須滿足安全起飛條件。

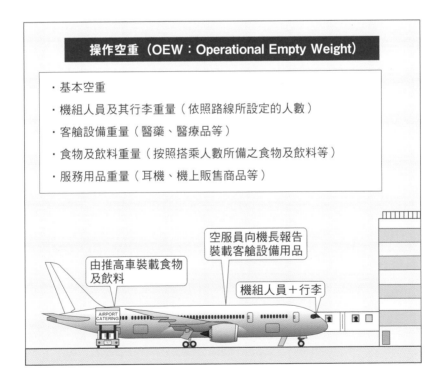

操作空重（OEW：Operational Empty Weight）

・基本空重
・機組人員及其行李重量（依照路線所設定的人數）
・客艙設備重量（醫藥、醫療品等）
・食物及飲料重量（按照搭乘人數所備之食物及飲料等）
・服務用品重量（耳機、機上販售商品等）

空服員向機長報告裝載客艙設備用品

由推高車裝載食物及飲料

機組人員＋行李

AIRPORT CATERING

▌允許起飛的重量

重量計畫須滿足下圖（1）到（9）項所有限制。能夠滿足這些條件並允許起飛的重量，就是容許起飛總重（Allowable Takeoff Weight）。以下將分別確認每項限制。

（1）最大起飛重量限制（Structural Limit）

在「適航所需重量」一項中（本書p.172頁）所討論的限制。

（2）跑道長度限制（Field Limit）

右下圖為基於必要起飛跑道長度的定義下，重量與距離的關係圖。從這張圖可以看出，從羽田機場出發到紐約的航班，其最大起飛重量502500磅可以起飛的適用跑道不是長度3000m的34L（A跑道），而是3360m的34R（C跑道）。如果使用34R跑道起飛，就算起飛中斷，飛機也能夠在跑道內完全停止，即使引擎故障的狀態下繼續起飛，也夠通過跑道末端35ft以上高度，這表示在正常飛航下能夠保留15%以上的彈性起飛。

容許起飛總重為滿足以下所有條件的重量

（1）最大起飛重量限制（Structural Limit）

（2）跑道長度限制（Field Limit）

（3）爬升性能限制（Climb Limit）

（4）障礙物限制（Obstacle Limit）

（5）無油重量限制（Zero Fuel Limit）

（6）最大容許著陸重量限制（Landing Limit）

（7）飛行航線限制（En route Limit）

（8）輪胎速限（Tire Speed Limit）

（9）剎車能力限制（Brake Energy Limit）

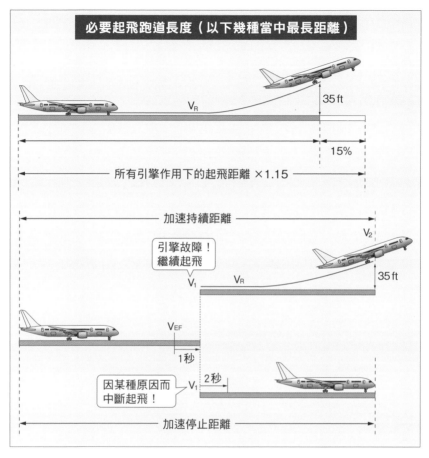

必要起飛跑道長度（以下幾種當中最長距離）

35 ft

V_R

15%

所有引擎作用下的起飛距離 ×1.15

加速持續距離

V_2

引擎故障！
繼續起飛

V_1

V_R

35 ft

V_{EF}

1秒

因某種原因而
中斷起飛！

V_1

2秒

加速停止距離

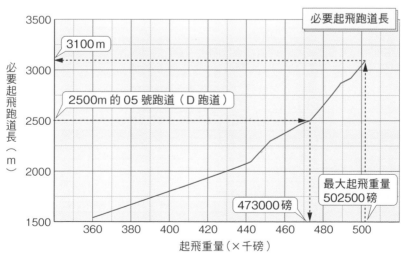

必要起飛跑道長

3100 m

2500m 的 05 號跑道（D 跑道）

最大起飛重量
502500 磅

473000 磅

必要起飛跑道長（m）

起飛重量（×千磅）

（3）爬升性能限制（Climb Limit）

下圖標示當引擎故障的情況下繼續起飛，**每個爬升階段（Segment）所需之爬升坡度**。

第1階段為起飛後開始操作收納起落架至完全收起，第2階段為起落架收起後到飛機高度達400ft，第3階段為一面加速至襟翼完全升起，接著以巡航狀態爬升至1500ft則為最後階段。

以上各階段中，第2階段的要求坡度最為嚴格，因此為了滿足這個階段的爬升性能要求，某些情況下會**限制起飛重量**。而受到限制的情況，通常是因機外氣溫或機場標高較高，導致引擎推力大幅降低；或者因起飛距離變短導致阻力變大而使用了不利於爬升性能的較大襟翼角等多重條件狀況。

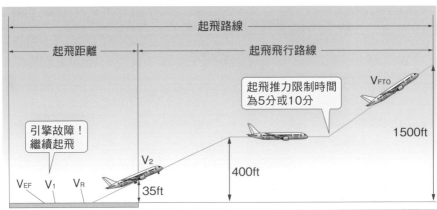

		第 1 階段	第 2 階段	第 3 階段	最後階段
著陸設備		放下	收起	收起	收起
襟翼		起飛位置	起飛位置	起飛位置→上揚	上揚
推力		起飛推力	起飛推力	起飛推力	最大連續推力
要求梯度	雙引擎	正	2.4%	正	1.2%
	3 引擎	0.3%	2.7%	正	1.5%
	4 引擎	0.5%	3.0%	正	1.7%

（4）障礙物限制（Obstacle Limit）

　　如果起飛飛行路徑中有障礙物，例如機場周圍的樹木和山脈等，那麼機場邊界內的水平方向邊距至少要保持200ft，機場邊界外則須保持水平方向邊距300ft。此外，當引擎無法運作的狀態下須通過障礙物上空時，則必須維持35ft以上的高度差。

　　下圖所示為起飛飛行路徑上有障礙物時的垂直方向邊距。總飛行路徑即為**實際飛行路徑**，而**實際飛行路徑減去梯度懲罰後則為淨飛行路徑**。也就是說，與障礙物維持距離35ft的高度差必須以減掉梯度懲罰後的淨飛行路徑證明之，而非由實際飛行路徑驗證。如果不能滿足這些條件，則必須減少起飛重量。

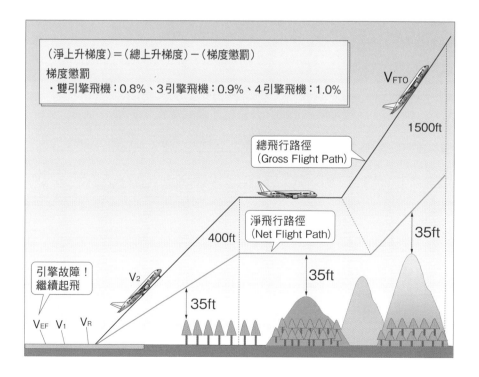

(5) 無油重量限制（Zero Fuel Limit）

如第5章「巡航（cruise）」所述，法規規定搭載的燃油量為「必須搭載的燃油量」。起飛重量減去法規規定搭載燃油量後，重量必須小於或等於最大無油重量，因此

（容許起飛總重）≦（最大無油重量）＋（搭載燃油重量）。

(6) 最大容許著陸重量限制（Landing Limit）

即使滿足了跑道長度；爬升性能、障礙物及無油等限制，能夠以設計最大起飛重量起飛，但如果降落時重量超過可著陸重量，飛機將無法著陸。也就是說，扣除起飛後到目的地為止所消耗的燃油，重量必須小於或等於最大容許著陸總重，因此

（容許起飛總重）≦（最大容許著陸重量）＋（目的地消耗燃油重量）。

此外，最大容許著陸重量是指能夠滿足跑道長度及跑道表面溼滑度所產生的限制，且同時能滿足下圖要求的爬升性能的著陸重量。

著陸時要求的爬升性能（適航審查程序）

進場爬升（Approaching Climb）
- 1架引擎無法運作
- 進場形式（襟翼20，起落架收起）
- 上升梯度 2.1% 以上
- 重飛推力
- 最大著陸重量

2.1%

著陸爬升（Landing Climb）
- 所有引擎正常運作
- 著陸形式（襟翼位於著陸位置，起落架放下）
- 上升梯度 3.2% 以上
- 8秒內從怠速到達重飛的推力

3.2%

（7）飛行航線限制（En route Limit）

　　飛行規則審查程序細則是為了審查飛行規則而制定的詳細事項，其中有一部分內容是「起飛重量是飛行規則中指定的要求，除了起飛和降落外，即使在飛行中遇到發動機無法運作也同樣受此限制，其重量限制須滿足以下幾種模式：預計飛行路線兩側9km內所有地形、或距離障礙物高度達300m以上之處能夠獲得正爬升梯度之重量；飄降模式下能夠於該地形保持600m以上間隔通過之重量；在預計著陸的機場等上空450m處能夠獲得正上升梯度的重量」，不過以上僅限於在遇到阻力增加同時發生故障時（例如機體表面面板有部分受損等），否則則不受限制。

（8）輪胎速限（Tire Speed Limit）

（9）剎車能力限制（Brake Energy Limit）

　　同時使用讓起飛速度變快的淺襟翼角，當機外氣溫高、機場標高高、順風等條件都吻合的情況下，由於有可能會超過各種限制，所以需要限制起飛重量。

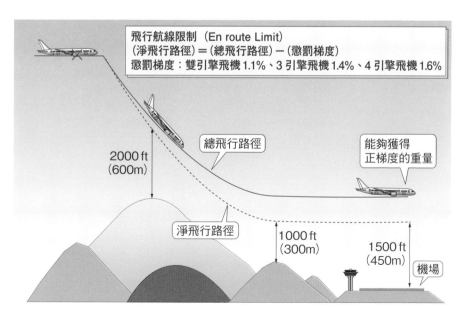

飛行航線限制（En route Limit）
（淨飛行路徑）＝（總飛行路徑）－（懲罰梯度）
懲罰梯度：雙引擎飛機 1.1%、3 引擎飛機 1.4%、4 引擎飛機 1.6%

總飛行路徑

能夠獲得
正梯度的重量

2000 ft
（600m）

淨飛行路徑

1000 ft
（300m）

1500 ft
（450m）

機場

▌重心位置與水平尾翼

　　噴射客機的**重心位置**（CG：Center of Gravity）在**主翼產生升力的中心之前**。原因是當飛機受到風力影響，機首與飛行員意願相悖，變成向上的姿勢，這時候主翼的攻角會增加，這時會因為升力加大讓機首下降力矩作用在重心周圍，讓飛機能穩定自然恢復原本姿勢，也就是**能讓垂直方向維持穩定性**。

　　在飛行過程中，如下圖所示，能讓主翼升力引起的機首向下力矩及水平尾翼向下升力引起的機首向上力矩保持平衡。但是，如果重心過於靠前，則會發生操縱性問題，即使最大限度操縱升降舵，機首也無法達到向上姿勢；相反地，如果重心太靠後方，則會發生穩定性問題，稍微操縱升降舵就會造成機首劇烈上升。此外在地面上，當CG在前方時，會因為緊急剎車而有前輪、轉向器及前方機體強度問題，如果CG在後方，則會有主輪強度問題或前輪轉向運作不穩定等問題。由以上可知，**CG無論是在地面或空中，位置上都有前方及後方的限制**。

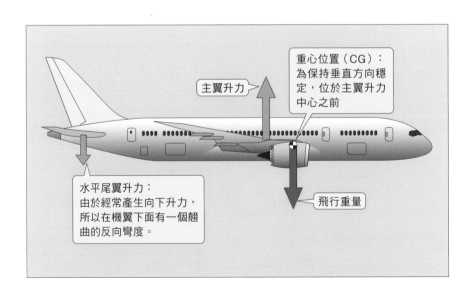

主翼升力

重心位置（CG）：
為保持垂直方向穩
定，位於主翼升力
中心之前

水平尾翼升力：
由於經常產生向下升力，
所以在機翼下面有一個翹
曲的反向彎度。

飛行重量

▍重心位置與尾翼配平片

由於噴射客機的**重心位置**（CG）移動範圍廣、速度變化大，僅靠水平尾翼及升降舵難以維持穩定性及操縱性。因此透過**尾翼配平片**（Stabilizer trim）這個讓水平尾翼裝置角可變的系統、以及升降舵兩者組合後，對飛機進行**垂直控制**。

例如下圖，在地面確認CG在前方時，將水平尾翼裝置角向下以加大攻角，也就是透過加大向下升力讓機首抬升力矩變大，這樣不僅能讓起飛的抬升操作更輕鬆，也能在起飛後立刻維持垂直穩定。

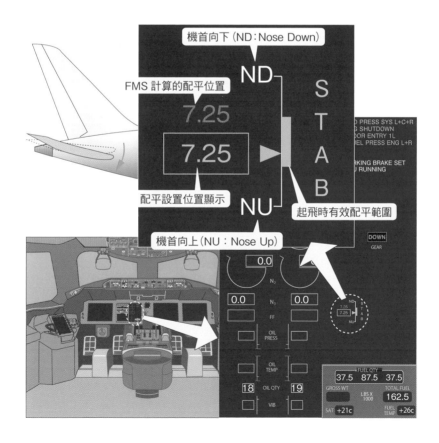

如何計算重心位置

飛機**重心位置**（CG）的計算方式與下圖示例原則上相同。由於基本中空重的重心位置為定期測量，用這個重量加上飛行必要重量後可算出操作空重力矩。接著由每個座位到基準點的距離可算出所有乘客的力矩，透過搭載貨物的位置可算出貨物重量力矩，由各個燃油箱位置可算出搭載燃油重量力矩。**以上力矩合計後與飛機總重量（起飛重量）力矩之平衡，即可算出重心位置。**

不過，這個重心位置是以與基準點之距離算出，無法掌握與升力中心之間的關聯性。這時就需要**平均氣動弦**（Mean Aerodynamic Chord），**俗稱為 MAC，它是用來表示重心的代表弦**，以如右圖所示作圖方式算出。

有關CG與平均氣動弦長的相對比例，當CG位於平均氣動弦的前緣 $\frac{1}{5}$ 處時，就標示為「MAC 20%」。

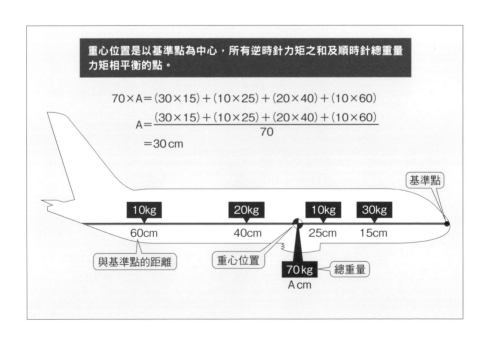

重心位置是以基準點為中心，所有逆時針力矩之和及順時針總重量力矩相平衡的點。

$$70 \times A = (30 \times 15) + (10 \times 25) + (20 \times 40) + (10 \times 60)$$

$$A = \frac{(30 \times 15) + (10 \times 25) + (20 \times 40) + (10 \times 60)}{70}$$

$$= 30 \text{ cm}$$

基準點

10kg　　20kg　　10kg　　30kg

60cm　　40cm　　25cm　　15cm

與基準點的距離　　重心位置

70kg　　總重量

A cm

平均氣動弦（MAC：Mean Aerodynamic Chord）

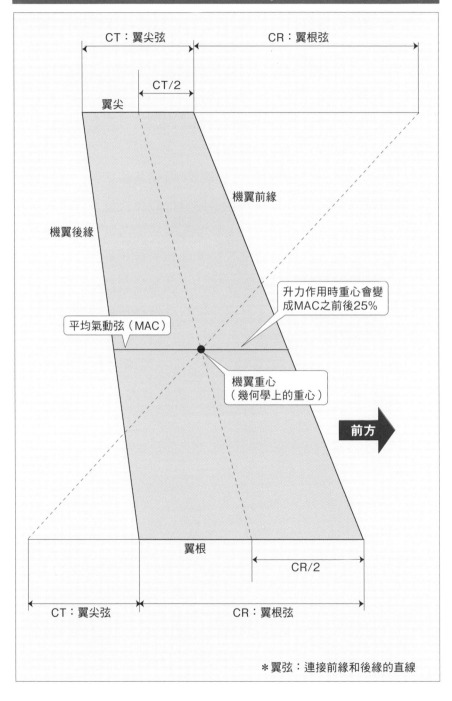

＊翼弦：連接前緣和後緣的直線

載重平衡表（Weight and Balance Manifest）

過去，在搭機櫃台交給乘客的登機證會穿孔，當乘客通過登機口時，地勤人員會執行「收票」。

在飛機入口處，空服員也會一面低頭說著「非常感謝您今日的搭乘」，一面用拇指按計數器清數乘客人數，收下的半張票券張數與計數器的數值一致後，這個數字就是最後搭乘的乘客數。

當乘客人數確定，調度員就會根據已經確定的貨物重量及燃油重量，利用圖表化標示貨物清單的載重平衡表算出起飛重量及重心位置。計算後的結果會連同乘客人數、貨物重量、無油重量等，透過航空公司的無線電語音通訊，報告給該飛機的飛行員。

飛行員根據這項報告，計算出飛行手冊性能表中登載的起飛速度及尾翼配平片的設定值。

此外，由於每個航班透過航空公司無線電的報告大約需要30秒，在航班眾多的時段內等待載重平衡表報告的航班相當多。

目前由於資料庫的發達，已經沒有航班需要「等待載重平衡表報告」了。而且現在也不需要參考飛行手冊的性能表製作起飛數據，而是透過FMS（飛行管理系統）的資料庫自動顯示這些數據。

另外，據說現在空服員還是會攜帶模擬計數器，在必要時有可能會使用。

結 語

　　在穩定的平流層中巡航時，可能會覺得自己好像在空中靜止不動。速度表、姿態儀、高度表等儀表指示恆定，只有看到指示到下一個預定通過地點的距離數字每時每刻不斷減少，能讓人實際感受到飛機正以時速900km在飛行。

　　在平流層中巡航的飛機駕駛艙可以看到比地面所見更深的藍天。夜間飛行時，能看到地面上從未見過的滿天星輝，以及彷彿織於其間，描繪出瞬間軌跡又消失的流星，更能看到如絲簾般搖曳的極光出現，飛行員能夠盡情享受天空大自然的種種現象。

　　當然，並非所有飛航都是穩定的。尤其是日本，四季嚴酷，初春一到，飛行員可能會面臨被迫放棄著陸，飛機需要復飛，夏天則可能會遇到需要繞開正在釋放詭異閃電、好像在炫耀其大小的雷雲。此外，秋季的颱風有可能會讓飛機需要臨時降落在其他機場，或者會遇到因大雪而整日困在機場的冬天。

　　現在筆者已經退役，再也無法以五官享受上述嚴酷而極美的天空。另外，在飛往南半球的航班上，在ITCZ（Inter-Tropical Convergence Zone，間熱帶輻合帶）這個地方看到在眼前的積雨雲群連續閃電的緊張感、以及在美國西海岸航班上，在太平洋上空看到微泛著白光的地平線，那種破曉前的美都令筆者難忘。筆者還記得，當飛機靠近距離目的地500km以內、能夠透過VHF（極高頻，Very high frequency）通訊的地方，可以聽到航管局與其他飛機的無線通訊交流的那種如釋重負感，以及到達目的地時的成就感等，這些都讓人懷念。

同時筆者也回憶起，當開始訓練前拿到該架飛機的操作手冊，那種很想知道它是什麼飛機的心情、以及開始長時間訓練時夾帶著的緊張感等。

　　這次，筆者很幸運能獲得出版本書的機會，筆者在寫這本書的同時，腦海中也浮現出到處都是藍色的廣大天空、以及自己在航空界經歷的一切。透過本書，如果能告訴各位讀者「**在天空中飛翔真的非常有趣**」，那麼沒有什麼能比這個讓筆者更為高興的了。

2021 年 4 月　中村寬治

索引

■ 作者簡介

中村寬治

　　航空解說家。出生於神奈川縣橫濱市，畢業於早稻田大學。投身於全日空航空公司30多年，擔任波音727、747的飛航工程師，負責日本國內主要都市、以及世界10餘國、20多個都市的航線任務，總飛行時間為14,807小時33分。現在運用其航線上的飛行經驗，以實際參與過航線任務的角度，從事解說飛機構造、性能及飛航等工作及從事寫作。主要著作有《飛機的構造與飛行原理》《飛機力學超入門》《噴射機引擎的科學》《跟著飛行員一起開飛機》《飛機為什麼會飛》（晨星出版）、《噴射引擎（應用篇）》《飛行物語》（日本航空技術協會）、《有趣易懂的飛機構造》（日本文藝社）等。

國家圖書館出版品預行編目（CIP）資料

飛行員在駕駛艙裡做什麼？從起飛到降落，飛行員在駕駛艙
內怎麼操作？機體系統如何運作？／中村寬治著；盧宛瑜譯.
-- 初版. -- 臺中市：晨星出版有限公司，2023.07
面；　公分 . --（知的！；216）

譯自：ジェット旅客機操縦完全マニュアル

ISBN 978-626-320-474-4（平裝）

1.CST: 航空學　2.CST: 飛機駕駛　3.CST: 飛行器

447.8   112006806

填回函，送 Ecoupon

知
的
！
216

飛行員在駕駛艙裡做什麼？
從起飛到降落，飛行員在駕駛艙內怎麼操作？
機體系統如何運作？
ジェット旅客機操縦完全マニュアル

作者	中村寬治
內文插畫	中村寬治
內文圖版	Kunimedia Co., Ltd.
譯者	盧宛瑜
編輯	吳雨書
封面設計	ivy_design
美術設計	黃偵瑜

創辦人	陳銘民
發行所	晨星出版有限公司
	407 台中市西屯區工業 30 路 1 號 1 樓
	TEL：（04）23595820　FAX：（04）23550581
	E-mail:service@morningstar.com.tw
	http://www.morningstar.com.tw
	行政院新聞局局版台業字第 2500 號
法律顧問	陳思成律師
初版	西元 2023 年 07 月 15 日　初版 1 刷
再版	西元 2024 年 05 月 01 日　初版 3 刷

讀者服務專線	TEL：（02）23672044 /（04）23595819#212
讀者傳真專線	FAX：（02）23635741 /（04）23595493
讀者專用信箱	service@morningstar.com.tw
網路書店	http://www.morningstar.com.tw
郵政劃撥	15060393（知己圖書股份有限公司）

印刷	上好印刷股份有限公司

定價 450 元

ISBN 978-626-320-474-4

Jet Ryokakki Soju Kanzen Manual
Copyright © 2021 by Kanji Nakamura
Originally published in Japan in 2021 by SB Creative Corp.
Complex Chinese translation rights arranged with SB Creative Corp.,
through jia-xi books co., ltd., Taiwan, R.O.C.
Complex Chinese Translation copyright (c) 2023 by Morning Star
Publishing Inc.